锅炉用水集成检测技术

戴恩贤　陈　虎　周　英　谭　蓬　罗昭强
毛国均　蒋　磊　亚云启　龚　杰　邬梦琳　编著

机械工业出版社

本书对 GB/T 34322—2017《锅炉用水和冷却水水质自动连续测定 电位滴定法》中的水质测定方法做了详细阐述。全书共六章内容：第一章和第二章对锅炉用水特点以及常用的检测方法进行了介绍；第三章介绍了电位滴定的原理、标准溶液的标定以及电极的校准和维护；第四章重点对电位滴定集成检测技术进行了阐述，分别从参数的优化、与其他检测方法的比较、各个指标检测时的影响因素以及干扰物的影响等方面进行试验和研究，并形成了集成检测技术方法的参数设置标准和对仪器设备的要求；第五章对集成检测的各个项目进行了精密度试验，通过实验室间的比对等方法规定了各个项目指标的精密度；第六章用实例详细说明了锅炉用水集成检测时的仪器设置。

本书可供从事锅炉用水水质检测的技术人员和研究人员参考。

图书在版编目（CIP）数据

锅炉用水集成检测技术/戴恩贤等编著. —北京：机械工业出版社，2024.7

ISBN 978-7-111-75609-5

Ⅰ.①锅… Ⅱ.①戴… Ⅲ.①锅炉用水-水质监测-化学分析 Ⅳ.①TK223.5

中国国家版本馆 CIP 数据核字（2024）第 075750 号

机械工业出版社（北京市百万庄大街 22 号　邮政编码 100037）

策划编辑：吕德齐　　　　　　　责任编辑：吕德齐
责任校对：张慧敏　张昕妍　　　封面设计：陈　沛
责任印制：郜　敏

北京富资园科技发展有限公司印刷

2024 年 7 月第 1 版第 1 次印刷

169mm×239mm · 10 印张 · 1 插页 · 200 千字

标准书号：ISBN 978-7-111-75609-5

定价：79.00 元

电话服务　　　　　　　　　　　网络服务

客服电话：010-88361066　　　　机　工　官　网：www.cmpbook.com
　　　　　010-88379833　　　　机　工　官　博：weibo.com/cmp1952
　　　　　010-68326294　　　　金　书　网：www.golden-book.com
封底无防伪标均为盗版　　　　机工教育服务网：www.cmpedu.com

前　　言

随着现代分析仪器和软件的开发应用，电化学分析方法中的多功能自动电位滴定仪以它的自动化程度高和分析结果精度好等优点，在实验室水质检测中得到广泛应用。在特种设备行业中，锅炉水质多项目连续检测（简称集成检测）方法也逐步得到应用。作者根据长期从事锅炉水处理实践以及相关的科研工作，编著了这本《锅炉用水集成检测技术》。

锅炉用水常规检测项目主要有 pH、硬度、碱度、氯化物浓度、电导率（溶解固形物浓度）等，按照传统的检测方法各个项目需要分开检测，费时费力。锅炉用水集成检测技术克服了人工测定效率较低，测量误差影响因素多等缺点，具有自动化程度高、人为误差少、检测数据可存储和溯源，并方便网络传输的特点。另外，测定中无须加指示剂，用水量少，大幅度减少废液量，有利于节水降耗和环境保护。

锅炉用水集成检测技术虽然有诸多优点，但是自动连续测定时仪器参数设置、终点判断、电极清洗、干扰物影响等多方面因素都会显著影响测试结果，如果没有统一的标准予以规范，有可能偏离正确的测定而造成错误的检测结果。本书从以下几个方面进行了重点介绍和研究。

第一章和第二章对锅炉用水特点以及常用的检测方法进行了介绍。

第三章介绍了电位滴定的原理、标准溶液的标定以及电极的校准和维护。

第四章重点对电位滴定集成检测技术进行了阐述，分别从参数的优化、与其他检测方法的比较、各个指标检测时的影响因素以及干扰物的影响等方面进行试验和研究，并形成了集成检测技术方法的参数设置标准和对仪器设备的要求。

第五章对集成检测的各个项目进行了精密度试验，通过实验室间的比对等方法规定了各个项目指标的精密度。

第六章用实例详细说明了锅炉用水集成检测时的仪器设置。

本书对 GB/T 34322—2017《锅炉用水和冷却水水质自动连续测定　电位滴定法》中的水质测定方法做了详细阐述。该标准填补了锅炉水质分析中多项目自动连续检测标准的空白，为锅炉用水与冷却水的检测提供一种快速便捷、自动化程度高的标准方法。标准中有关对仪器设备的要求、相关参数的设置以及各个检测项目指标的精密度的由来都在本书中进行了详细说明。本书可帮助技术工作者更好地理解标准和解决实际工作中碰到的技术问题。

由于编著者水平有限，书中错误和不足之处在所难免，敬请专家、学者和广大读者批评指正，多提宝贵意见。

编著者

目　　录

第一章

锅炉用水概述

锅炉是使用广泛、数量众多的高耗能、高耗水特种设备，水处理工作是确保锅炉安全、节能、环保运行的重要环节。水处理不良，容易引起锅炉受热面结垢和水汽系统腐蚀，影响传热效果，降低锅炉出力和热效率，增高排烟温度，浪费燃料，增加排污量。为了防止锅炉和热力设备结垢、腐蚀，应进行锅炉水处理，并按照国家标准的要求，对各项水质指标进行检测分析，提高锅炉用水质量。定期进行锅炉用水水质检测，是保证锅炉及热力设备安全、节能、环保运行的重要工作。

第一节　锅炉用水的基本知识

一、天然水中的杂质及其对锅炉的影响

（一）天然水的分类及其特点

水是自然界中分布最广的物质，也是人类生活和生产中不可缺少的物质。自然界的水主要由海洋、江河、湖泊、地下水、冰川、积雪、土壤水分及大气水分等构成。虽然地球上水资源极其丰富，但大多数属于咸的海水或咸湖水，实际可供人们开发利用的淡水只占总水量的 0.3% 左右。即使是这些淡水，由于来源的不同，其水质的特性也不同，加上人类对环境的污染，不少淡水资源已经或正在遭受各种杂质的侵害，使得人们在用水时不得不按不同的用途要求对水质进行必要的处理。对于锅炉用水来说，常用的水源及其特点可分以下几种。

1. 江河水

江河水除了源头水之外，主要由降水经地面汇流而成，通常流域长而广阔，是工业和生活最常用的水源。由于江河水为地表流动的水体，其水质易受地区、气候、季节及人类活动的影响而发生较大的变化。不但各地区不同的河流水质相差较大，即使是同一条江河，水中的杂质含量也会因冬季和夏季、汛期和枯水期、上游和下游等的不同而有相当大的差异。此外，江河水最大的缺点是易受工业废水、生活污水及其他各种人为污染，以致水的色、嗅、味变化大，水质不稳定，尤其当大量有毒或有害物质进入水体时，将极大地增加水处理的负担，严重时甚至会造成水体无法利用。

2. 湖泊及水库水

湖泊水主要由河流及地下水补给而成。水库实际上是一种人造湖，有些水库水通过截留汇流的河水而成，其水质和湖泊水相似，也与流入的河水水质及地质特点有关；也有些水库水由自然降水经山体汇集而成，这种水库的水质通常比江河水和湖泊水要好些。湖泊水和水库水的特点是，水的流动性小，储存停留时间长，经过较长时间的自然沉淀，水的混浊度比江河水小得多，水质也相对稳定些。但由于湖水进出水交替缓慢，当水中含有较多的磷和氮时，易产生富营养化，使得大量的藻类快速繁殖，增加水的色、嗅、味及有机物含量。湖水按盐含量可分为淡水湖、微咸水湖和咸水湖，前两种基本上可作为工业用水水源，而后一种则很难作为水源使用。

3. 地下水

地下水大多是由降水经过地层渗流而形成的。地下水按其深度可分为表层水、层间水和深层水，一般工业上使用的地下水为层间水。这种水受外界影响小，水质组成较稳定，水温变化不大，水质较为清澈，有机物和细菌含量较少，但由于地下水流经岩层时，常会溶解其中各种可溶性物质，因此地下水的碱度、硬度和盐含量通常要高于地表水（海水除外）。至于盐类的组成及盐含量的大小，则取决于地下水所流经地层的矿物质成分、地下水深度、与矿物质接触的时间等。另外，由于地下水与大气接触少，水中溶解氧含量低，有时会因生物进行厌氧分解，而产生H_2S、CO_2等气体并使之溶于水中，从而使水具有还原性，因此地下水中溶解的金属离子常以低价离子态存在，最常见的如 Fe^{2+}、Mn^{2+} 等。有的地下水采用时会发现，刚从地下打上来的水是清澈透明的，但在空气中暴露一段时间后，水会变得发红且混浊，就是由于地下水中含量较高的 Fe^{2+} 在空气中被氧化，生成了棕红色的$Fe(OH)_3$沉淀。

大量开采地下水，将会引起地面下沉，并由此带来系列危害，因此许多城市已对工业采用地下水加以限制和控制。

（二）天然水中对锅炉有影响的杂质

天然水中的杂质种类很多，按其性质分为：无机物、有机物和微生物；按其颗粒大小可分为：悬浮物、胶体物质和溶解物质，其中溶解物质又可分为溶解盐类和溶解气体。

1. 悬浮物

悬浮物是构成水中混浊度的主要因素，其颗粒较大，一般粒径在 10^{-4}mm 以上，因此它们在水中是不稳定的，易于分离除去。当水静止或流速较慢时，比水重的悬浮物，如砂子和黏土类的无机物会下沉；比水轻的悬浮物，如各种动植物死亡后的腐败机体及其他腐殖质等有机化合物则会上浮。对悬浮物的处理，可通过自然沉降与过滤来除去。

悬浮物一般在江河水中含量较高，湖水和水库水中含量低些，地下水中则含量较低。城镇自来水由于经自来水厂的预处理，一般基本上除去了水中的悬浮物。

悬浮物对锅炉主要有以下影响。

1）悬浮物若直接进入锅炉，将会在锅内产生沉积，形成泥垢，影响锅炉传热，严重时还会造成受热面金属因过热损坏而造成锅炉事故；悬浮物沉积量大时，还易堵塞炉管、阀门，破坏锅炉水循环。

2）如果比水轻的悬浮物进入锅炉，往往漂浮在蒸发面上，易引发汽水共腾，降低蒸汽质量。

3）悬浮物如进入离子交换器，易污染离子交换树脂，降低交换树脂的交换容量，减少周期制水量，并影响离子交换器的出水质量。

2. 胶体物质

胶体也是构成水中浊度的主要因素，它大多是由许多分子或离子所组成的集合体，其颗粒直径一般为 $10^{-6} \sim 10^{-4}$ mm 。天然水中的胶体主要是由腐殖质以及铁、铝、硅等化合物形成。由于胶体表面往往吸附了很多离子而带电荷，结果使同类胶体因带有同性电荷而相互排斥，以致不能相互结合成更大的颗粒，加上胶体在水中的布朗运动，使得胶体总是以稳定的微粒均匀地分布在水中，而无法靠重力自行沉降。要除去水中的胶体，须在水中加入混凝剂，以破坏胶体的稳定性，通过混凝、澄清和过滤，可较好地除去胶体物质。

胶体物质对锅炉主要有以下影响。

1）胶体物质若进入锅炉，在一定的条件下，会在受热面上结生难以除去的坚硬水垢。

2）给水（直接进入锅炉的水，通常由补给水、回水和疏水等组成）中胶体含量较高时，易在蒸发面上产生大量泡沫，不但会恶化蒸汽品质，而且影响水位的正确显示，对锅炉的安全运行带来影响。

3）胶体物质若进入离子交换器，易吸附在离子交换树脂表面，降低树脂的交换能力，严重时还会使树脂"中毒"，使出水难以达到合格标准。

3. 溶解物质

天然水，包括清澈透明的自来水中都或多或少地含有各种溶解物质。一般水中的溶解物质主要是溶解的盐类和溶解气体，现将对锅炉有影响的溶解物质分述如下。

（1）溶解的盐类 盐类在水中溶解后，大多电离成阳离子和阴离子，即它们以离子状态存在，其中对锅炉有影响的主要有以下几种。

1）钙离子（Ca^{2+}）和镁离子（Mg^{2+}）：钙、镁离子是天然水中的主要阳离子，几乎存在于所有的天然水中，通常人们将钙、镁离子在水中的浓度称为硬度。不同的水系，不同的地区，钙、镁离子的浓度相差很大，一般降雨、降雪的水硬度极低；地表水中的硬度通常要低于地下水。就我国天然水分布来说，东南沿海地区由于降水量较丰富而蒸发少，水的硬度一般都很低；长江流域及其以南地区、黑龙江和松花江流域等地区降水量较为充足，蒸发量不大，水的硬度也较低；黄河流域及其以北地区到辽河流域，降水量较少而蒸发量大，水资源较贫乏，水的硬度相对较高；内蒙古及西北的辽阔大地，则由于降水量少而蒸发强烈，形成了大片干旱地区，水的硬度往往非常高。

水中的钙、镁离子是引起锅炉结垢的最主要因素，因此锅炉水处理的重要任务就是除去钙、镁离子，防止锅炉结垢。常用的方法主要有：锅外水处理法（包括离子交换处理、反渗透处理、沉淀软化处理）以及锅内加药处理法等。不同的锅炉，应根据锅炉对水质的要求，选择合适的处理方法。

2）碳酸氢根（HCO_3^-）和碳酸根（CO_3^{2-}）：碳酸氢根和碳酸根都是水中碱度的主要组成部分。在天然水中，碱度大多以 HCO_3^- 形式存在，只有极少数的天然水，当碱度很高时，会有少量 CO_3^{2-} 存在。

由于碱度物质能促使锅水（锅炉运行时，存在于锅炉中并吸收热量产生蒸汽或热水的水）中的钙、镁形成水渣，然后通过排污除去，起到一定的防垢作用，因此工业锅炉要求在锅水中保持一定的碱度。但如果锅水中碱度过高，不但会严重影响蒸汽质量，而且对压力较高的锅炉还易引起碱性腐蚀。因此对于 HCO_3^- 含量较高的天然水，如果作为锅炉水源水，还应进行一定的降碱处理。

3）亚铁离子（Fe^{2+}）和铁离子（Fe^{3+}）：铁的化合物是常见矿物，所以铁也是天然水中常见的杂质。地表水中由于溶解氧充足，铁主要以 Fe^{3+} 形态存在，并因形成难溶于水的 Fe（OH）$_3$ 胶体而沉淀出来，所以溶解在地表水中的铁含量通常不太高。地下水中的铁因为不接触空气，常以可溶性较好的 Fe^{2+} 形态存在，一般来说不同的地下水中铁含量差异较大，有些地方的地下水中铁含量会达到很高。

Fe^{2+} 接触空气后会很快转化成 Fe^{3+}。Fe^{3+} 是一种较强的去极化剂，会加速锅炉的电化学腐蚀。同时，当锅水中铁含量较高时，还易在热负荷较高的受热面上产生氧化铁垢，影响锅炉的传热。此外，Fe^{3+} 若进入离子交换器，极易使离子交换树脂"中毒"，极大降低树脂的交换容量，影响出水质量。

4）氯离子（Cl^-）：氯离子也称为氯根，几乎存在于所有的天然水中，但其含量却相差很大。氯离子是产生咸味的主要因素，越咸的水中，Cl^- 含量越高，如海水和咸湖水中 Cl^- 含量就极高，而淡水中 Cl^- 含量则较低。

大多数氯化物不但溶解度很大，而且很稳定，所以在工业锅炉水质分析中常以测定 Cl^- 的含量来反映锅水的浓缩倍率，并指导锅炉的排污。

虽然少量的氯化物对锅炉没什么危害，但由于 Cl^- 是一种活化离子，在一定的条件下会破坏金属表面的保护膜，加速腐蚀的进行。尤其不锈钢制品易受到 Cl^- 的侵蚀而发生点蚀。因此锅水中的 Cl^- 含量不宜过高。

5）硫酸根离子（SO_4^{2-}）：天然水中大多含有 SO_4^{2-}。除了沿海地区，一般天然

淡水中 SO_4^{2-} 含量要大于 Cl^- 含量。

SO_4^{2-} 与 Ca^{2+} 生成的 $CaSO_4$ 在常温下为微溶，在高温下却成为难溶物，即它的溶解度是随着温度的升高而迅速下降的。当锅炉给水中含有 Ca^{2+}，而锅水碱度又不足时，容易在热负荷较高的受热面上结生坚硬的硫酸盐水垢。由于硫酸盐水垢难溶于酸，生成后特别难清除，因此应尽量避免结生硫酸盐水垢。

在低压锅炉水处理中，主要通过除去 Ca^{2+} 和保持锅水一定的碱度来防止硫酸盐水垢。而在中、高压锅炉水处理中，一般通过除盐处理除去水中包括硫酸根的所有离子。

6）硅酸（H_4SiO_4）：水中硅酸的含量通常以 SiO_2 表示，故又称为可溶性二氧化硅。硅是地球上含量极为丰富的元素，因此天然水中普遍含有硅，不过其含量的变化幅度较大，一般地下水硅含量比地表水要高。

硅化物与硫酸钙类似，其溶解度也是随着温度的升高而下降，在高温受热面上易生成热导率非常小，而且非常坚硬的硅酸盐水垢。对于向汽轮机提供蒸汽的中、高压锅炉来说，如果给水中硅含量过高，不但易在锅炉中结生硅酸盐水垢，而且还容易在蒸汽中携带硅酸盐，并会在过热器及汽轮机叶片等热力系统中形成非常难以清除的沉积物，影响热力设备的正常运行。

低压锅炉对硅酸盐水垢的防止与防止硫酸盐水垢一样，主要通过控制给水硬度和锅水碱度来实现。对中、高压锅炉，硅含量则是重点控制对象，无论是给水、锅水，还是蒸汽等，对硅含量都有严格的控制要求。

（2）溶解气体　天然水中常见的溶解气体主要有氧气（O_2）和二氧化碳（CO_2），有的还含有少量或微量的硫化氢（H_2S）、二氧化硫（SO_2）和氨气（NH_3）等。一般地表水中，由于水与大气接触，使水体有自充氧的能力，氧含量相对较高，而二氧化碳含量不高；地下水则相反，通常氧含量较低，而二氧化碳含量有时会达到很高。

1）溶解氧对锅炉的影响：主要是引起锅炉的氧腐蚀，而且锅炉压力越高，氧腐蚀越容易发生，因此锅炉给水应当尽量除氧。

2）二氧化碳的影响：水中的二氧化碳存在形式与水中的 pH 值有关，当 $pH \leqslant 4.3$ 时，基本上以 CO_2 形式存在；当 pH 为 $4.3 \sim 8.3$ 时，随着 pH 值的增大，CO_2 转化成 HCO_3^-；当 $pH \geqslant 8.3$ 时，CO_2 消失，HCO_3^- 则随着 pH 值的增大而转化成 CO_3^{2-}。即水中碳酸化合物随着 pH 值的变化有下列平衡关系：

$$CO_2 + H_2O \rightleftharpoons H_2CO_3 \rightleftharpoons H^+ + HCO_3^- \rightleftharpoons 2H^+ + CO_3^{2-}$$

从式中可知，如果水中 CO_2 含量较高，当 pH 值较低时，离解出的 H^+ 会造成金属的酸性腐蚀，当 pH 值较高时，CO_2 转为碱度，将使锅水碱度过高。另外，当二氧化碳与氧共同存在时，更会增加对金属的腐蚀作用。

4. 有机物

天然水中的有机物主要由水生动植物腐败、生活污水及工业废水污染等构成。

有机物含量较高时，不但水的浊度、色度及气味增加，而且会恶化水质，增加锅炉水处理的难度。水中的有机物含量较高时，不仅澄清预处理的效果变差，而且易污染离子交换树脂，如果直接进入锅炉则会影响蒸汽质量。水质测定时，水中有机物的含量常用 COD 表示。

二、锅炉用水的分类及其特点

锅炉用水根据其部位和作用的不同，可分为以下几种。

1. 原水

原水也称生水，是指未经过处理的水。原水主要来自江河水、水库水、井水等天然水，有的也包括城镇自来水。原水中含有各种对锅炉有影响的杂质，必须经过一定的处理，才能供锅炉用。

2. 补给水

原水经过各种水处理工艺处理后，作为补充锅炉及供热系统水汽损耗的水称为补给水。当给水系统无凝结水（回水），或者凝结水（回水）受污染不能回用时，补给水即为锅炉给水。

一般工业锅炉补给水通常采用除去硬度的软化处理，其补给水也称软化水（简称软水）；中、高压及高压以上的锅炉补给水通常采用阴、阳离子交换或反渗透等除盐处理，所以补给水也称为除盐水。

3. 给水

直接进入锅炉作蒸发或加热的水称为锅炉给水。给水通常由补给水、凝结水（回水）和疏水等组成。给水的质量往往直接关系到锅炉是否会产生结垢、腐蚀，而且也会影响蒸汽质量。通常锅炉压力越高，对给水的要求也越高。

4. 凝结水（回水）

锅炉产生的蒸汽或热水的热能被利用后，所回收的冷凝水或低温水通称为回水。其中蒸汽做功（例如经汽轮机发电）或对其他物质加热后，冷凝而成的水称为凝结水。

通常由蒸汽冷凝的回水（即凝结水）中杂质含量很低，水质较纯。提高给水中回水所占的比例，不仅可以改善给水水质，而且可以减少生产补给水的工作量，降低成本。另外，由于凝结水（回水）温度较高，回用作锅炉给水可以显著降低燃料消耗。提高蒸汽冷凝水的回用率是一项节能、节水的有效措施。但如果蒸汽冷凝水在生产流程中受到了污染，就不宜直接回用作锅炉给水，而应经过相应处理，符合给水要求后才能回用。

5. 锅水

存在于锅炉中并吸收热量产生蒸汽或热水的水称为锅水。锅炉运行中，锅水不断地蒸发浓缩，当锅水中水渣较多，或者锅水浓缩到一定程度时，必须通过排污调节锅水水质，否则易造成锅炉受热面结垢，并影响蒸汽质量。

6. 排污水

为了除去锅水中的悬浮性水渣，降低锅水中的杂质含量，改善蒸汽质量并防止锅炉结垢，必须适量地从锅炉的一定部位排放掉一部分锅水，这部分排出的水称为排污水。

7. 冷却水

锅炉在运行中因某种需要，用作冷却的水称为冷却水，例如发电机组的凝汽器冷却水。

三、水质不良对锅炉的危害

（一）水质不良的表现

水质不良对锅炉危害的表现主要有结垢、腐蚀、蒸汽质量恶化等。

1. 锅炉受热面结垢

当锅炉给水不良，尤其是给水中存在硬度物质（钙、镁离子），又未进行合适的处理时，在锅炉与水接触的受热面上会生成一些导热性很差且坚硬的固体附着物，这种现象称为结垢，这些固体附着物称为水垢。由于水垢的导热性比金属差几百倍，因此其生成后对锅炉的运行会带来很大的危害。例如：易引起金属局部过热而变形，进而产生鼓包、爆管等事故，影响锅炉安全运行；堵塞管道，破坏水循环；影响传热，降低锅炉蒸发能力，浪费燃料；产生垢下腐蚀，缩短锅炉使用寿命等。

2. 锅炉金属的腐蚀

锅炉水质不良还会引起金属的腐蚀，使金属构件变薄、凹陷，甚至穿孔。更为严重的是某些腐蚀会使金属内部结构遭到破坏，强度显著降低，以致在毫无察觉的情况下，由于被腐蚀的受压元件已承受不了原设计的压力而发生恶性事故。锅炉金属的腐蚀不仅会缩短设备本身的使用期限，造成经济损失，而且由于金属腐蚀产物转入水中，增加了水中杂质，从而加剧了高热负荷受热面上的结垢过程，又会促进垢下的腐蚀，这样的恶性循环也会导致锅炉爆管等事故的发生。

3. 影响蒸汽质量

含有杂质的给水进入锅炉后，其浓度将随着锅炉的蒸发、浓缩而不断增大，当超过一定值后，就会在汽水分界面处形成泡沫，使蒸发面成为蒸汽和泡沫的混合体，造成蒸汽大量带水，从而影响蒸汽质量。严重时，甚至会发生汽水共腾，不但恶化蒸汽质量，而且会影响锅炉安全运行。当锅水中含有油脂、有机物或碱度过高、水渣较多时，就更容易污染蒸汽质量。

（二）水质不良造成经济损失

锅炉水质不良还严重地影响着锅炉使用寿命和经济效益。在保持锅炉水汽质量良好的正常情况下，一般锅炉至少能达到 10 年甚至 15 年以上使用寿命。但对于水质很差的锅炉，使用寿命不到几年就会提前报废，而且还要经常大修，不但直接损失严重，而且因停炉修理、更换所造成的间接损失也非常大。

（三）水质不良对锅炉安全运行的影响

锅炉运行时，受热面在高温高压的恶劣环境下工作，要使锅炉长期安全正常运行，就必须保证锅炉的水汽质量良好，否则会导致锅炉因结垢、腐蚀等引发安全事故。由于水质不良对锅炉所造成的危害是一种日积月累的过程，并不是一下子就会反映出来，因此不少用炉单位对锅炉水处理往往缺乏足够的认识和重视，以致因水质不良而造成的锅炉事故时有发生。即使是在目前国家锅炉安全监察部门对锅炉的设计、制造、安装、使用、检验、修理和改造等环节都有一系列措施进行严格控制，锅炉总体事故不断下降的情况下，因水处理不良所造成的锅炉事故占锅炉总事故的比例仍占很大的比例。

四、锅炉水处理的目的与要求

（一）锅炉水处理的目的

锅炉水处理的目的：除去对锅炉有危害的杂质，防止锅炉结垢和腐蚀，保持蒸汽质量良好，使锅炉安全、节能、环保运行。要达到这一目的，就必须搞好锅炉的给水处理和锅内加药处理，同时做到合理排污，严格监测，使锅炉的水汽质量达到国家标准的要求。

（二）锅炉水处理的要求

搞好锅炉水处理是关系到锅炉安全、节能、经济运行的一项重要工作，而且是一个必须坚持不懈、持之以恒才能见效的长期性工作。为此，《中华人民共和国特种设备安全法》、TSG 11《锅炉安全技术规程》以及《高耗能特种设备节能监督管理办法》等国家法律法规都对锅炉水处理相关要求做了相应规定。其中《中华人民共和国特种设备安全法》第四十四条规定：锅炉使用单位应当按照安全技术规范的要求进行锅炉水（介）质处理，并接受特种设备检验机构的定期检验。第八十三条规定：锅炉使用单位未按照安全技术规范要求进行锅炉水（介）质处理的，由特种设备安全监督管理部门责令限期改正；逾期未改正的，处一万以上十万以下罚款。

锅炉水处理的设计、安装、使用、检验检测和监督管理等主要有以下几方面要求。

1. 因炉、因水制宜选择合理有效的水处理方法

由于锅炉的结构、工作压力及用途等不同，其对水质的要求也不同；而对同一类锅炉来说，不同的地区、不同的水源，水中所含有的杂质相差很大，应采用不同的水处理方法才能达到水质标准的要求。因此选用锅炉时，必须根据相应的水质标准规定，因炉、因水制宜地选择合理有效的水处理方法和配套的水处理系统及设备。

2. 选用合格的水处理设备和药剂

（1）水处理设备　选用的钢制水处理设备应符合 NB/T 10790《水处理设备　技术条件》的规定；非钢制水处理设备及水处理药剂、树脂均应符合有关标准和规定。锅炉水处理设备出厂时，至少应提供下列技术资料：

1）水处理设备图样（包括总图、管道系统图等）。

2）设计计算书。

3）产品质量证明书。

4）设备安装、使用说明书。

（2）水处理药剂　水处理药剂、树脂出厂时，至少应提供下列资料：

1）产品合格证。

2）使用说明书。

3. 水处理系统和设备安装后的调试

水处理系统和设备安装完毕后，应当由具有调试能力的单位进行调试，确定合理的运行参数，并满足锅炉对给水的要求。锅炉试运行期间应对锅内加药处理进行调试，确定合理的加药方法和加药量。调试后的水、汽质量应当达到水质标准的要求。调试完毕，应将水处理系统和设备的安装技术资料以及调试报告存入锅炉技术档案。

4. 锅炉水处理的使用管理

锅炉使用单位应当结合本单位的实际情况，建立健全规章制度（包括水处理管理、岗位职责、运行操作、维护保养等），并且严格执行；根据锅炉的参数和水汽质量标准的要求，对锅炉的原水、给水、锅水、回水等的水质及蒸汽质量每天定时进行化验分析，且每次化验分析的时间、项目、数据及采取的相应措施，均应当详细填写在水质化验记录表上。

5. 配备并培训水处理作业人员

锅炉使用单位应当根据锅炉的数量、参数、水源情况和水处理方式，配备专（兼）职水处理作业人员。锅炉水处理作业人员必须按照《特种设备作业人员监督管理办法》和《特种设备作业人员考核规则》的规定，经过培训，考核合格，取得资格后，才能从事相应的锅炉水处理操作、管理工作。

6. 做好停备用锅炉和水处理设备的保养工作

对备用或停用的锅炉及水处理设备，必须做好保养工作，防止锅炉和水处理设备引起严重腐蚀以及树脂中毒。对于电站锅炉，使用单位可以按照 DL/T 956《火力发电厂停（备）用热力设备防锈蚀导则》做好保养工作。

7. 检验检测和监督管理

锅炉水（介）质处理检验工作分为水（介）质的定期检验和锅炉清洗的监督检验，其中水质定期检验包括水汽质量检验和水处理情况核查，主要检验内容如下。

1）对于新安装锅炉，应核查水处理设备（系统）调试报告及锅炉试运行期间水汽测定记录等；新安装的有机热载体锅炉，应核查有机热载体质量和适用性是否符合 GB 23971 和 GB/T 24747 的要求。

2）锅炉外部检验时，应抽查水处理设备（系统）运行记录、水汽质量化验记录及水（介）质检验检测报告，抽样检测水汽质量。有机热载体锅炉应抽样检测在用有机热载体。

检验机构在检验后应当及时出具检验报告，对于检验不合格的单位应提出整改意见，并在限期整改后再次抽样检测确认。对于存在严重事故隐患、不符合高耗能特种设备节能监督管理规定、锅炉清洗过程未进行监督检验等情况，检验机构应当书面报告当地特种设备安全监察部门，按《特种设备安全法》的规定进行监督或处罚。

第二节　锅炉水汽质量指标

人类的生活和生产都离不开水，用途不同，对水质的要求也不同。所谓水质就是指水和其中的杂质所共同表现的综合特性。评价水质好坏的项目称为水质指标。水质指标的表达方式是根据用水要求和杂质的特性而定的，锅炉用水中水质指标的表达方式通常有两种：一种是表示水中所含有的离子或分子，如钠离子、氯离子、磷酸根离子、溶解氧等；另一种指标则并不代表某种单纯的物质，而是表示某些组合的化合物或表征某种特性，例如硬度、碱度、溶解固形物、电导率等，这种指标是由于技术上的需要而专门拟定的，故称为技术指标。

对于锅炉来说，控制水质指标的目的是防止锅炉结垢和腐蚀，保持蒸汽质量良好，确保热力系统正常运行。为此，GB/T 1576 对工业锅炉水质规定了控制指标及测定方法；GB/T 12145 对火力发电机组及蒸汽动力设备（即电站锅炉）的水汽质量做了规定。现就标准中主要的技术指标叙述如下。

一、悬浮物和浊度

锅炉水质标准中的悬浮物（XG）是指经过滤后分离出来的不溶于水的固体混合物的含量，这其中包括了悬浮物质和胶体物质。浊度表示水的浑浊程度。由于悬浮物质和胶体物质是构成水体浑浊的主要因素，因此浊度的大小也可反映出悬浮物的含量。

悬浮物的测定，通常采用某些过滤材料分离出水中不溶性物质，然后烘干、称重而测得，单位为 mg/L。由于悬浮物的测定操作较烦琐，而且比较费时间，不易用作现场的监督控制，因此在实际工作中常用测定操作较为简便的浊度（ZD）来衡量悬浮物及胶体物质的含量。根据测定仪器的种类和方法不同，浊度的单位有好几种，最常用的是 FTU 和 NTU。由于 FTU 和 NTU 采用同样的福马肼基准物来标定和调节仪器，所以对同一福马肼标准溶液进行测定时，两者的值是一样的。但测定水样时，可能会有些差异，而且两者没有一定的线性关系。

二、盐含量、溶解固形物和电导率

1. 盐含量

盐含量是表示水中各种溶解盐类的总和。通常根据水质全分析测得水中所有的阳离子和阴离子的含量，然后经计算求出。盐含量的表示方法有两种：一种是以摩尔浓度来表示，即将水中各种阳离子（或阴离子）的测定结果均按一价离子为基本单元分别换算成摩尔浓度（mmol/L），然后全部相加。以这种方法表示时，水中的阳离子总含量应与阴离子总含量基本相等；另一种是以质量浓度来表示，即将水中各种离子的测定结果均换算成质量浓度（mg/L），然后全部相加。

2. 溶解固形物（RG）

由于用水质全分析求得盐含量非常麻烦，因此有时用溶解固形物来表示盐含量，有的资料中也以"TDS"来代表。溶解固形物是指分离了悬浮物之后的滤液，经蒸发、干燥至恒重，所得到的蒸发残渣，它包含了水中各种溶解性的无机盐类和不易挥发的有机物等，其浓度单位为 mg/L。由于在测定过程中，水中的碳酸氢盐会因分解而转变成碳酸盐，以及有些盐类的水分或结晶水不能除尽等原因，溶解固形物浓度只能近似地表示水中的盐含量。

对于工业锅炉，常用锅水中溶解固形物浓度来衡量锅水的浓缩程度，以便合理地控制锅炉的排污量。由于溶解固形物浓度的测定需配备水浴锅、烘箱和高精度天平等分析设备，一般小型锅炉房较难配置，且测定相对较为麻烦又费时，故只适用于定期的监测，而对于日常的监测则有一定的困难。对此，工业锅炉水质标准允许采用测定氯离子（Cl^-）浓度的方法来间接控制溶解固形物的浓度。因为在一定的水质条件下，水中的溶解固形物的浓度与 Cl^- 的浓度之比值接近于常数，而 Cl^- 的测定非常方便，所以在水源水质变化不大的情况下，根据溶解固形物与 Cl^- 的对应关系，只要测出 Cl^- 的浓度就可直接指导锅炉的排污。

3. 电导率（DD）

衡量水中盐含量的大小，最方便和快捷的方法是测定水中的电导率。电导率为电阻率的倒数，是表示水的导电能力的一项指标，可用电导仪测定，单位为西[门子]/厘米（S/cm）或微西[门子]/厘米（μS/cm）。因为水中溶解的盐类大多是强电介质，它们在水中几乎都电离成了能够导电的离子，离子浓度越高，电导率越大，所以水的电导率可反映出盐含量的多少。

电导率的大小除了与水中离子含量有关外，还和离子的种类有关。因为不同的离子其导电能力不同，其中 H^+ 的导电能力最大，OH^- 次之，其他离子的导电能力与其离子半径及所带电荷数等因素有关。例如，有三个盐含量相等的溶液，它们分别呈酸性、碱性和中性，则酸性溶液的电导率最大，碱性溶液的次之，中性溶液的电导率则要小得多。如果用碱将酸性溶液中和至中性，则溶液的盐含量增加而电导率反而会降低，因此单凭电导率不能计算水中盐含量。但当水中各种离子的相对含量一定时，则电导率随着离子总浓度的增加而增大。在水中杂质离子的组成比相对稳定的情况下，可根据试验求得这种水的电导率与盐含量的关系，将测得的电导率换算成盐含量。

另外，电导率的测定不但方便、快捷，有利于自动化控制，而且测定范围广，尤其可适用于微量离子的测定。电站锅炉水汽质量分析中常以电导率来衡量水、汽的纯净程度。

三、硬度

硬度（YD）是表示水中高价金属离子的总浓度。在天然水中，形成硬度的物质主要是钙、镁离子，其他高价金属离子很少，所以通常硬度就是指水中钙、镁离子（Ca^{2+}、Mg^{2+}）的浓度，它是衡量锅炉给水水质好坏的一项重要技术指标。

总硬度包括钙盐和镁盐两大部分。钙盐即钙硬度，包括：碳酸氢钙、碳酸钙、硫酸钙、氯化钙等；镁盐也即镁硬度，包括：碳酸氢镁、碳酸镁、硫酸镁、氯化镁等。硬度还可按所组成的阴离子种类分为碳酸盐硬度和非碳酸盐硬度两大类。

1. 碳酸盐硬度（YD_T）

碳酸盐硬度是指水中钙、镁的碳酸氢盐和碳酸盐的浓度。天然水中碳酸根（CO_3^{2-}）很少，故天然水的碳酸盐硬度主要是指钙、镁的碳酸氢盐浓度。由于碳酸盐硬度在高温水中会发生下列分解反应而析出沉淀物，所以碳酸盐硬度也称为暂时硬度。

$$Ca(HCO_3)_2 \rightarrow CaCO_3 \downarrow + H_2O + CO_2 \uparrow$$

$$Mg(HCO_3)_2 \rightarrow MgCO_3 \downarrow + H_2O + CO_2 \uparrow$$

$$MgCO_3 + H_2O \rightarrow Mg(OH)_2 \downarrow + CO_2 \uparrow$$

2. 非碳酸盐硬度（YD_F）

非碳酸盐硬度是指水中钙、镁的硫酸盐、氯化物、硝酸盐等的浓度。由于这类硬度即使是在水沸腾时也不会因分解析出沉淀物，所以对应地被称为永久硬度。

另外，当天然水中钙镁总浓度大于碳酸氢根（HCO_3^-）时，水的硬度由碳酸盐硬度和非碳酸盐硬度组成；当天然水中钙镁总浓度小于 HCO_3^- 时，水中将只含碳酸盐硬度，不含非碳酸盐硬度，而 HCO_3^- 与钙镁总量的差值（即过剩碱度）被称为负硬度，这种水则称为负硬水或碱性水。

3. 硬度的计量单位

硬度的常用计量单位有三种表示方法，分述如下。

（1）用毫摩尔/升（mmol/L）表示　这是法定计量单位中的基本单位，是最常用的表示摩尔浓度的计量单位。在锅炉水质标准中硬度和碱度都是以此来表示的，并规定以一价离子为基本单元，即硬度的基本单元为：c（$1/2Ca^{2+}$、$1/2Mg^{2+}$），这样就与过去习惯用的毫克当量/升（mgq/L）所表示的浓度在数值上相一致。但应注意，锅炉行业以外的水处理领域，硬度的基本单元大多是 c（Ca^{2+}、Mg^{2+}），两者相差一倍。

（2）用"德国度"（^0G）表示 这是专门用来表示硬度大小的一种计量单位，其定义是当水样中硬度离子的浓度相当于 10mg/L CaO 时，称为 1^0G。

由于 1/2CaO 的摩尔质量为 28g/mol，所以

$$1^0G = \frac{10mg/L}{28g/mol} = 1/2.8mmol/L$$

$$1mmol/L = 2.8^0G$$

（3）用毫克/升 $CaCO_3$（ppm）表示 有不少水质分析资料用此单位来表示硬度，其定义是当水样中硬度的离子浓度相当于 1mg/L $CaCO_3$ 时，为 1ppm 硬度。

由于 1/2$CaCO_3$ 的摩尔质量为 50g/mol，所以 1mmol/L 硬度就相当于 50mg/L $CaCO_3$ 或 50ppm$CaCO_3$。

上述三种单位的换算关系可表示为：

$$1mmol/L = 2.8^0G = 50ppm(CaCO_3)$$

例 1-1 某水样分析结果为：$Ca^{2+} = 64.0mg/L$；$Mg^{2+} = 26.7mg/L$，试用各种方法表示其总硬度。

解：1/2Ca^{2+} 和 1/2Mg^{2+} 的摩尔质量分别为 20g/mol 和 12.15g/mol，故其浓度可表示为以下三种方式。

1）$YD = \frac{64mg/L}{20g/mol} + \frac{26.7mg/L}{12.15g/mol} = 3.2mmol/L + 2.2mmol/L = 5.4mmol/L$。

2）$5.4mmol/L \times 2.8 = 15.12\ ^0G$。

3）$5.4mmol/L \times 50g/mol = 270mg/LCaCO_3$（或 270ppm$CaCO_3$）。

四、碱度

碱度（JD）是表示水中能接受氢离子（H^+）的一类物质的摩尔浓度。在锅炉用水中，碱度主要由 OH^-、CO_3^{2-}、HCO_3^- 及其他少量的弱酸盐类组成。碱度的计量单位为毫摩尔/升（mmol/L），其基本单元为：c（OH^-、1/2CO_3^{2-}、HCO_3^-）。

天然水中的碱度基本上都是碳酸氢盐，有时还有少量的腐殖酸质弱酸盐。由于给水中的 HCO_3^- 进入锅炉后受热会发生分解反应

$$2HCO_3^- \rightarrow CO_3^{2-} + H_2O + CO_2 \uparrow$$

而碳酸根在锅炉的高温及压力下还会进一步水解成氢氧根

$$CO_3^{2-} + H_2O \rightarrow 2OH^- + CO_2 \uparrow$$

此外，当 HCO_3^- 和 OH^- 共存时，相互间会立刻发生化学反应

$$HCO_3^- + OH^- \rightarrow CO_3^{2-} + H_2O$$

因此锅炉正常运行时，锅水中几乎不存在 HCO_3^-，锅水碱度主要以 OH^- 和 CO_3^{2-} 形式存在。

根据水中碱度的组成，通常可将碱度分为：氢氧根碱度、碳酸根碱度和碳酸氢根碱度，三者之和称为全碱度。另外，根据酸碱中和滴定法测定碱度时所加的指示

剂不同，又可将碱度分为酚酞碱度和甲基橙碱度。即用酚酞作指示剂时，所测出的碱度（终点变色时 pH 为 8.3）称为酚酞碱度（$JD_{酚}$）；用甲基橙作指示剂时，所测出的碱度（终点变色时 pH 约为 4.3）称为甲基橙碱度，由于用甲基橙作指示剂时，所有的碱度物质都与酸发生了反应，所以甲基橙碱度也就是全碱度（其中包含了酚酞碱度）。

五、相对碱度

相对碱度是为了防止锅炉产生碱脆而规定的一项技术指标。工业锅炉水质标准中规定相对碱度小于 0.2，只是一个经验数据，并无严格的理论或试验依据。由于碱脆易发生在铆接和胀接结构的锅炉上，对于焊接结构的锅炉尚未发现有碱脆的现象，故全焊接结构的锅炉可不控制相对碱度。

相对碱度表示锅水中游离 NaOH 含量与溶解固形物浓度的比值，即：

$$相对碱度 = \frac{游离\ NaOH}{溶解固形物浓度} = \frac{[OH^-] \times 40}{溶解固形物浓度} = \frac{(2JD_{酚酞} - JD_{总}) \times 40}{溶解固形物浓度}$$

六、酸度

酸度（SD）是表示水中能接受氢氧根离子（OH^-）的一类物质的浓度。组成酸度的物质主要有各种酸类及强酸弱碱盐。一般天然水中的酸度组成主要是碳酸（H_2CO_3），但在除盐系统中，经氢离子交换处理后，阳床出水酸度却以 HCl、H_2SO_4 等强酸为主，碳酸则转变成二氧化碳经脱碳器除去。交换器进水的盐含量越高，阳床出水的酸度就越大。

酸度并不等于水中的氢离子浓度。水中氢离子浓度常用 pH 值表示，是指已呈离子状态的 H^+ 数量；而酸度则包括原已电离的与尚未电离的两部分氢离子的浓度，即水中凡能与强碱进行中和反应的物质浓度都为酸度。

七、化学耗氧量

化学耗氧量（COD）是表示水中有机物及还原性物质含量的一项指标。COD 的测定就是利用有机物具有可氧化的共性，在一定的条件下，用一定的强氧化剂与水样中各种有机物及亚硝酸盐、亚铁盐、硫化物等作用，然后将所消耗的该氧化剂的量，计算折合成氧的质量浓度，即称为化学耗氧量，简写为 COD，单位以 mg/LO_2 来表示。

一般来说，COD 越高，水中有机物的污染就越严重。但 COD 的大小与测定方法也有较大关系，不同的测定方法对有机物的氧化程度不一样，测定结果也会有所不同，因此用 COD 表示有机物含量时，应注明测定的方法。例如，对进入离子交换器的水要求化学耗氧量<2mg/L（采用 $KMnO_4$ 30min 水浴煮沸法）。有时测定水中总有机物含量时，也可用重铬酸钾法。用重铬酸钾法测得的 COD 数值一般比用高锰酸钾法测得的值要大些。

第二章

锅炉水质常用检测方法

第一节　锅炉水质检测方法简介

一、重量分析法

（一）重量分析法的基本知识

重量分析法就是使被测的某种成分在一定条件下与试样中的其他成分分离，然后以某种固体物质形式称量，根据称得的质量来计算试样中被测组分的浓度。

在重量分析中，被测组分与试样的分离方法主要有沉淀法和汽化法。锅炉水质的重量分析中最常用的为沉淀法。

（二）沉淀分离法重量分析的过程

沉淀分离法重量分析就是量取或称取一定量的分析样品，如果试样为固体（如水垢样品）应先用适当的溶剂加以溶解或采用熔融法溶解，然后加入过量的沉淀剂，利用沉淀反应使被测组分定量地形成难溶的沉淀物，再经过滤、洗涤、烘干或灼烧至恒重后称量，最后根据称得的质量计算出被测组分的浓度。

（三）重量分析对沉淀的要求

采用沉淀法分离被测组分时，沉淀物的生成是很重要的一个环节，一般对沉淀物有下列要求：

1）所生成的沉淀物溶解度要小，以便沉淀物能分离完全，并使被测组分的损失量符合允许的误差。

2）沉淀物要纯净，带入的杂质尽可能少，并避免受污染。

3）沉淀物要易于过滤和洗涤，因此最好能获得较为粗大的晶粒。

4）沉淀物应易于转化为称量形式，且沉淀物的称量形式必须具有固定的化学组成，符合计算时的分子式。

5）试样的质量应根据所含被测组分的多少来确定，以保证称量的沉淀物有足够的质量，使称量误差减小至允许范围内。

二、滴定分析法

滴定分析法又称容量分析法，是最基本也是最常用的一种化学分析方法。

（一）滴定分析法的基本知识

1. 定义

滴定分析就是将标准溶液滴加到被测物质溶液中去（这个过程称为滴定），滴至标准溶液与被测物质恰好完全反应，然后根据标准溶液的浓度和消耗体积，计算出被测物质的浓度。

滴定分析法与重量分析法相比，具有应用范围广、方法简便快速、测定的重现性好、误差较小、仪器简单等优点。

2. 滴定分析中的几个基本概念

（1）标准溶液　标准溶液就是浓度准确的试剂溶液。一般标准溶液配制后须经过标定，有时也可用基准物质直接配制。标准溶液的浓度通常只用摩尔浓度和滴定度来表示。

（2）标定　标定就是通过一定量的基准物质来确定标准溶液的浓度。标准溶液的标定应按照 GB/T 601—2016《化学试剂　标准滴定溶液的制备》的规定进行，标定标准溶液的浓度时，需两人分别做四平行标定，且每人四平行标定结果的相对极差不得大于 0.15%，两人共八平行标定结果的相对极差不得大于 0.18%，然后取平均值为标准溶液的浓度。

（3）指示剂　指示剂是滴定过程中加入的一种辅助试剂，由它的颜色变化可指示出等量点的到达。通常所选用的指示剂应在滴定条件下当接近等量点时能产生易于辨别的颜色突变。

（4）等量点　以前称为"等当点"，也称理论终点。它是指滴定过程中，标准溶液恰好滴至与被测物质完全反应。

（5）滴定终点（简称"终点"）　滴定终点即滴定过程中指示剂的颜色转变点。滴定终点虽然可显示等量点的到达，但两者常常并不相等。例如用盐酸标准溶液滴定氢氧化钠时的反应为

$$HCl+NaOH=NaCl+H_2O \qquad (2\text{-}1)$$

到达等量点时，溶液的 pH=7。但由于没有 pH=7 的合适指示剂，所以常选用 pH 值相近的酸碱指示剂，如酚酞指示剂在终点变色时，pH 为 8.3；甲基橙指示剂在终点变色时，pH 在 4.2 左右。

（6）滴定误差　等量点与滴定终点的差值称为滴定误差。一般滴定误差的大小取决于指示剂的性质，所以在滴定分析中，应尽量选择滴定误差较小的指示剂。在滴定过程中，由终点过量或滴定管读数不准等造成的误差是人为的操作误差，不属于滴定误差。

（二）容量分析的适用条件

1）反应能定量进行。即滴定过程中标准物质与被测物质应能按一定的反应式进行完全的反应，这是定量计算的基础。

2）反应速度要快。对于反应速度较慢的反应，应采取适当措施提高其反应速度。

3）滴定时不应有干扰物质存在。当干扰物质存在时，应设法分离或加入掩蔽剂使其变成无干扰作用的形式。

4）能用比较简便的方法确定反应的等量点。

（三）容量分析的常用方法

根据滴定过程中发生的反应不同，容量分析可分为：中和滴定法、沉淀滴定法、络合滴定法和氧化还原滴定法等。

1. 中和滴定法

中和滴定法也称酸碱滴定法，是利用酸碱中和反应进行滴定分析的一种方法。锅炉水处理中水样的碱度，阳离子交换器的出水酸度等都是采用中和滴定法来测定的。在中和滴定法中，采用不同的酸碱指示剂时，由于其变色时溶液的 pH 值不同，因此测出的酸度或碱度值也不同。最常用的酸碱指示剂是酚酞和甲基橙指示剂，例如在测定锅水碱度时，就常以它们为指示剂，变色时其主要的中和反应如下。

以酚酞作指示剂：$H^+ + OH^- = H_2O$；$H^+ + CO_3^{2-} = HCO_3^-$　　终点时 pH 约为 8.3。

以甲基橙作指示剂：$H^+ + HCO_3^- = CO_2\uparrow + H_2O$　　终点时 pH 约为 4.2。

2. 络合滴定法

利用络合反应进行滴定的方法称为络合滴定法。在络合滴定中，常采用络合剂作为标准溶液，其中最常用的是乙二胺四乙酸二钠（简称 EDTA）。以下主要介绍 EDTA 络合滴定的基本知识。

EDTA 是乙二胺四乙酸的英文缩写，由于乙二胺四乙酸在水中的溶解度很小（常温下其溶解度仅约 0.02g），故不适用于滴定分析，但它的二钠盐（也简称为 EDTA）在水中的溶解度较大（常温下其溶解度约 11.1g），常被应用于化学分析中。由于乙二胺四乙酸的分子式较复杂，为了书写方便，常用 Y^{4-} 来代表乙二胺四乙酸的酸根，所以乙二胺四乙酸二钠（常含 2 个结晶水）的分子式可简写成：$Na_2H_2Y \cdot 2H_2O$，其相对分子质量为 372.26。

EDTA 能与许多金属离子形成络合物，它们一般都以 1：1 络合，所以不管金属离子的化合价如何，都可看作是等物质的量的反应，只不过络合离子所带的电荷数因金属离子的价数不同而不同，例如：

$$Ca^{2+} + H_2Y^{2-} = CaY^{2-} + 2H^+ \tag{2-2}$$

$$Fe^{3+} + H_2Y^{2-} = FeY^- + 2H^+ \tag{2-3}$$

EDTA 与金属离子络合物的稳定性与溶液中的 pH 值有关，例如 EDTA 与 Ca^{2+}、

Mg^{2+} 的络合物在 $pH = 10 \sim 11$ 时最稳定；而与 Fe^{3+} 的络合物则在 $pH = 3 \sim 4$ 时最稳定。因此在络合滴定时，通常需加入相应的缓冲溶液，以保证滴定过程中溶液的 pH 值维持在相应的条件下。

在锅炉水处理中，水样中的硬度就是采用 EDTA 络合滴定法测定的。其测定原理和过程：在有 $pH = 10$ 的缓冲溶液的水样中，加入的指示剂能与水中的 Ca^{2+}、Mg^{2+} 生成酒红色的络合物，然后用 EDTA 标准溶液滴定，由于 EDTA 与 Ca^{2+}、Mg^{2+} 形成的络合物更为稳定，所以当滴定至终点时，EDTA 能将 Ca^{2+}、Mg^{2+} 从它们与指示剂的络合物中夺取出来，从而使指示剂释放出来，同时使溶液呈指示剂本身的颜色（即蓝色）。此滴定原理也可用反应式表示如下（为了书写简明，式中以 Mg^{2+} 代表硬度；以 HIn^{2-} 代表指示剂；以 H_2Y^{2-} 代表 EDTA）：

$$\text{水样加指示剂后：} Mg^{2+} + HIn^{2-} \rightarrow MgIn^- + H^+ \tag{2-4}$$

$$\text{在滴定过程中：} Mg^{2+} + H_2Y^{2-} \rightarrow MgY^{2-} + 2H^+ \tag{2-5}$$

$$\text{滴定至终点时：} MgIn^- + H_2Y^{2-} \rightarrow MgY^{2-} + HIn^{2-} + 2H^+ \tag{2-6}$$

$$\text{酒红色 无色 \quad 无色 \quad 蓝色}$$

从上述反应式中可以看出，滴定过程中，每一步反应都有 H^+ 生成，所以测定时必须加入 $pH = 10$ 的缓冲溶液，以保证溶液在滴定过程中能始终保持 $pH = 10$。这样做的主要原因如下。

1）硬度测定中常用的指示剂为铬黑 T，铬黑 T 的颜色会随着 pH 值的不同而变化，例如 $pH = 10$ 时，呈纯蓝色；而当 $pH < 6.5$ 时呈紫红色；当 $pH > 11.5$ 时则呈橙色。所以如果溶液中 pH 值过低或过高，都会因指示剂本身的颜色接近红色而使终点无法判断。

2）在 $pH = 10$ 时 EDTA 与 Ca^{2+}、Mg^{2+} 的络合最稳定，这时可避免其他离子（如 Fe^{3+}）的干扰。

用铬黑 T 作指示剂时，由于铬黑 T 对镁离子显色较灵敏，所以为了使滴定中能显示敏锐的终点，常在缓冲溶液中加入 EDTA-Mg 盐，以提高硬度测定的灵敏度。另外，需注意的是，铬黑 T 因易受空气氧化而变质，所以配制铬黑 T 指示剂时需加入盐酸羟胺还原剂起保护作用，而且铬黑 T 指示剂配制后使用时间不宜过长，一般 $1 \sim 2$ 个月就应更换。

3. 沉淀滴定法

利用沉淀反应进行滴定的方法称为沉淀滴定法。锅炉水处理中，沉淀滴定法主要用于测定水样中的氯离子的浓度，通常以硝酸银标准溶液为沉淀滴定剂，以铬酸钾为指示剂，其测定过程中的离子反应式为

$$\text{滴定开始时} \qquad Ag^+ + Cl^- = AgCl \downarrow \text{（白色）} \tag{2-7}$$

$$\text{滴定终点时} \qquad 2Ag^+ + CrO_4^{2-} = Ag_2CrO_4 \downarrow \text{（砖红色）} \tag{2-8}$$

所以当硝酸银标准溶液滴定至水样变为微橙色时，即表示滴定达到了终点。

沉淀反应虽然很多，但并非所有的沉淀反应都能应用于滴定分析。能用于沉淀

滴定法的反应，必须符合下列条件。

1）能迅速地进行定量的反应，且不能有副反应发生。

2）反应生成的沉淀物溶解度要小，不受溶液中其他物质的干扰。

3）要有适当的指示剂或其他简便的方法指示反应的等量点。

由于这些条件的限制，所以实际上能应用于沉淀滴定法的反应并不多。

4. 氧化还原滴定法

利用氧化还原反应进行滴定的方法称为氧化还原滴定法。通常利用该方法来测定氧化剂或还原剂，也可以间接用来测定能与氧化剂或还原剂发生定量反应的物质。根据所用的氧化剂种类不同，氧化还原滴定法可分为多种，其中较常用的是碘法和高锰酸钾法。例如，锅水中的亚硫酸根的浓度通常采用碘法（也称碘量法）来测定，其原理：在酸性溶液中，碘酸钾和碘化钾与酸作用后析出的游离碘，滴定到水中后将水中的亚硫酸盐氧化成硫酸盐，过量的碘与淀粉作用呈现蓝色即为终点。其反应式为

$$KIO_3+5KI+6HCl\rightarrow 6KCl+3I_2+3H_2O \qquad (2-9)$$

$$SO_3^{2-}+I_2+H_2O\rightarrow SO_4^{2-}+2HI \qquad (2-10)$$

在碘法中常用可溶性淀粉作指示剂，淀粉可与微量碘生成蓝色吸附物，非常灵敏。但是在用硫代硫酸钠（$Na_2S_2O_3$）标准溶液滴定碘标准溶液时，应在滴定至接近终点（即呈浅黄色）时才可加入淀粉指示剂，这样终点时溶液由蓝色变为无色，容易观察。淀粉不能过早加入的原因，一是由于淀粉在碘（I_2）存在下的酸性溶液中极易分解；二是当较多的碘被淀粉吸附时，滴定中褪色甚慢，影响终点观察。

三、比色分析法

比色分析法是根据试样溶液颜色深浅的程度与已知标准溶液比较，来确定物质浓度的方法。比色分析法的特点是灵敏度高，故较适宜于低浓度或微量组分的测定，测定的最低浓度可小至 $10^{-6}\sim10^{-5}$ mol/L，这是重量分析和容量分析所无法达到的。但对于较高浓度的组分测定，比色法不如重量法或滴定法准确。在锅炉水质分析中，尤其是电站锅炉水汽化学监督中，有不少指标，例如磷酸根、溶解氧、硅、铁和铜等常常用比色分析法测定。比色分析又可分为目视比色法和分光光度法。

（一）目视比色法

目视比色法就是用眼睛目测比较试样溶液和标准溶液颜色的深度，来确定未知试样的含量，常用的目视比色法是系列比色法。通常目视比色法的准确度不如分光光度法，但仪器简单，操作较为方便、快速，所以常用作现场的测定，例如锅水中的磷酸根含量、硅含量，给水中的溶解氧含量等。

（二）分光光度法

利用光电池或光电管测量单色光透过有色溶液后光强度的变化，求得被测物质

含量的方法，称为分光光度法，以前也称光电比色法。这种方法消除了用肉眼观察所带来的主观误差，从而提高了测量的准确度。而且随着科学技术的进步及电子智能技术的应用，分光光度计产品越来越先进，其测定的灵敏度、准确度不断提高，且操作也更加简单快捷。目前分光光度计产品无须每次作标准曲线，一般标准曲线绘制后，可自动保存（为保证准确性需定期校准曲线），测定时自动计算，有的测定几分钟之内即可得出结果，因此分光光度比色法的应用越来越广泛。

1. 分光光度法测定原理

物质呈现的颜色与光有着密切的关系，不同波长的可见光对眼睛能引起不同颜色的感觉。就透明的物质来说，其颜色主要取决于吸收和透过光的波长，如果物质对各种色光的透过程度相同，这种物质就是无色的；如果物质只能透过某一部分波长的光，而吸收其他波长的光，则该物质的颜色就由它所透过的光来决定。例如，黄色溶液主要透过黄色光，其他颜色的光几乎全被吸收，所以该溶液就显黄色。不透明物质的颜色则由吸收和反射的光决定。分光光度法测定的大多是透明的有色溶液。

白光通过棱镜后可以分解成各种波长不同的色光，只具有一种波长的光称为单色光。当一束平行的单色光通过溶液时，由于溶液对光的吸收，使透过溶液的光强度降低，这种现象称为溶液对光的吸收作用。有色溶液的浓度越大，光透过的液层厚度越大，射入溶液的光（入射光）越强，光就会被吸收得越多，光强度的减弱也就越显著。当入射光的强度（I_0）一定时，则溶液浓度越大对光的吸收程度越大，透射光的强度（I）就越小。它们之间的关系可以用一个被称为"朗伯-比耳定律"的数学式来表达，即

$$\lg(I_0/I) = kcL = A \tag{2-11}$$

式中　I_0——入射光的强度；

　　　I——透射光的强度；

　　　k——吸光系数，是常数；

　　　c——溶液的浓度；

　　　L——光透过液层的厚度（在分光光度测定中即为比色皿厚度）；

　　　A——吸光度（也称光密度 D 或消光度 E）。

式（2-11）表明：当比色皿选定后（即 L 不变时），仪器所测得的吸光度 A 与溶液浓度 c 呈线性关系，这也就是分光光度法定量测定的依据。

2. 分光光度法测定操作

用分光光度法测定试样时，需先配制好一系列不同浓度的标准溶液，在一定条件下进行显色；然后用分光光度计选择一定波长的单色光，分别测定它们的吸光度；再将测得的吸光度 A 与浓度 c 的关系绘制成对应关系图，得到一直线，称为工作曲线（或标准曲线）。测定试样时，按照绘制工作曲线的相同条件进行显色和测定，然后根据测得的 A 值，从工作曲线上查得相应的浓度。一般分光光度计可自

动计算，能自动根据标准溶液的测定结果绘制标准曲线，并得出线性方程式储存于仪器中。当测定样品时，可输入该线性方程式的斜率和截距，测定吸光度后直接显示被测物浓度。

分光光度法测定操作时应注意以下两点。

1）试样测定和作标准曲线的条件必须相同。

2）测定时应注意将比色皿透明面用镜头纸擦拭至无水痕（更不能有水滴），否则会明显影响标准曲线的线性，并造成测定的误差，尤其是在测定微量组分时更需注意。

四、电化学分析法

利用物质的电学性质和化学性质间的关系来测定物质含量的方法称为电化学分析法。电化学分析法又分为电位分析法和电导分析法，例如 pH 值和 pNa 值测定属于电位分析法；电导率测定属于电导分析法。

在电化学测定中，温度对测定结果影响较大，因此一般 pH 值和电导率统一规定为 25℃时的测定结果。目前有些电化学测定仪器具有温度补偿功能，在一定的温度范围内，仪器显示的结果就是自动校正至 25℃的测定值。如果仪器没有温度补偿功能，或者样品的温度过高或过低，超出了温度补偿范围，则应尽量调整水样温度至 25℃，或者对测定值进行温度校正计算。

（一）电位分析法

通过测定电池两电极间电位差及其变化来确定某物质含量的分析方法称为电位分析法，它包括直接电位法和电位滴定法两种。在锅炉水汽分析中，pH 值和 pNa 值（Na^+ 含量）就是用直接电位法（也称电极法）测定的。

电位分析法测定通常是将离子选择性电极（也称玻璃电极或工作电极）与甘汞参比电极（也称标准电极）组成一对测量电池（目前通常将它们组合在一起制成复合电极）浸入被测溶液中，用高阻抗输入的毫伏计测量其电极电位。由于离子选择性电极的电位将随被测离子的活度大小而变化，因此通过测得的电位差，仪器即可根据能斯特公式自动计算并显示该离子的测定值。

（二）电导分析法

以测定电解质溶液的电导为基础的分析方法称为电导分析法。在实际水处理工作中，通常以测定水中的电导率来确定水的纯度。

溶解于水的酸、碱、盐电解质，在溶液中电离成正、负离子，使电解质溶液具有导电能力，其导电能力的大小可用电导率表示。电导率的单位为西/厘米（S/cm）。在水分析中常用它的百万分之一，即微西/厘米（μS/cm）表示水的电导率。

电解质溶液的电导率，通常是将由两个金属片组成的电极对插入溶液中，测量两极间电阻率来确定。电导率是电阻率的倒数，其定义是电极截面积为 $1cm^2$，两极间距离为 1cm 时，该溶液的电导。

每一支电极都有其各自不同的电导池常数（也称电极常数），通常电极的电导池常数在出厂时已做测定，并在电极上标明。

溶液的电导率与电解质的性质、浓度、溶液温度有关。一般情况下，溶液的电导率是指 25℃ 时的电导率。

第二节　锅炉水质指标的测定

一、浊度的测定（浊度仪法）

浊度仪法是以福马肼标准悬浊液作标准溶液，采用浊度仪来测定水样浊度的方法。

（一）仪器

1）浊度仪。

2）滤膜过滤器，装配孔径为 0.15μm 的微孔滤膜。

（二）试剂及其配制

1. 无浊度水的制备

将分析实验室用二级水以 3mL/min 的流速，经孔径为 0.15μm 的微孔滤膜过滤，弃去最初滤出的 200mL 滤液，必要时重复过滤一次。此过滤水即为无浊度水，需储存于清洁的并用无浊度水冲洗后的玻璃瓶中。

2. 浊度为 400FTU 福马肼储备标准溶液的制备

（1）硫酸联氨溶液　称取 1.000g 硫酸联氨 [$N_2H_4 \cdot H_2SO_4$]，用少量无浊度水溶解，移入 100mL 容量瓶中，再用无浊度水稀释至刻度，摇匀。

（2）六次甲基四胺溶液　称取 10.00g 六次甲基四胺 [$(CH_2)_6N_4$]，用少量无浊度水溶解，移入 100mL 容量瓶中，再用无浊度水稀释至刻度，摇匀。

（3）浊度为 400FTU 的福马肼储备标准溶液　用移液管分别准确吸取硫酸联氨溶液和六次甲基四胺溶液各 5mL，注入 100mL 容量瓶中，摇匀后在 25℃±3℃ 下静置 24h，然后用无浊度水稀释至刻度，并充分摇匀。

3. 浊度为 200FTU 福马肼工作液的制备

用移液管准确吸取浊度为 400FTU 的福马肼储备标准溶液 50mL，移入 100mL 容量瓶中，用无浊度水稀释至刻度，摇匀备用。

（三）测定方法

1. 仪器校正

（1）调零　用无浊度水冲洗试样瓶 3 次，再将无浊度水倒入试样瓶内至刻度线，然后擦净瓶外壁的水迹和指印，置于仪器试样座内，旋转试样瓶的位置，使试样瓶的记号线对准试样座上的定位线，然后盖上遮光盖，待仪器显示稳定后，调节"零位"旋钮，使浊度显示为零。

（2）校正

1）福马肼标准浊度溶液的配制：按表 2-1 用移液管准确吸取浊度为 200FTU 的福马肼工作液（吸取量按被测水样浊度选取），注入 100mL 容量瓶中，用无浊度水稀释至刻度，充分摇匀后使用。

表 2-1　配制福马肼标准浊度溶液吸取 200FTU 福马肼工作液的量

200FTU 福马肼工作液吸取量/mL	0	2.50	5.00	10.0	20.0	35.0	50.0
相当水样浊度/FTU	0	5.0	10.0	20.0	40.0	70.0	100.0

2）校正：用上述配制的福马肼标准浊度溶液冲洗试样瓶 3 次后，再将标准浊度溶液倒入试样瓶内，擦净瓶外壁的水迹和指印后，置于试样座内，并使试样瓶的记号线对准试样座上的定位线，盖上遮光盖，待仪器显示稳定后，调节"校正"旋钮，使浊度显示为标准浊度溶液的浊度值。

2. 水样的测定

取充分摇匀的水样冲洗试样瓶 3 次，再将水样倒入试样瓶内至刻度线，擦净瓶外壁的水迹和指印后置于试样座内，旋转试样瓶的位置，使试样瓶的记号线对准试样座上的定位线，然后盖上遮光盖，待仪器显示稳定后，直接在浊度仪上读数。

3. 注意事项

1）试样瓶表面清洁度和水样中的气泡对测定结果影响较大。测定时将水样倒入试样瓶后，可先用滤纸小心吸去瓶体外表面水滴，再用擦镜纸或擦镜软布将试样瓶外表面擦拭干净，避免试样瓶表面产生划痕。仔细观察试样瓶中的水样，待气泡完全消失后方可进行测定。

2）不同的水样，如果浊度相差较大，测定时应当重新进行校正。

二、pH 的测定

1. 仪器

1）实验室用 pH 酸度计，电极支架及测试烧杯。

2）pH 电极、甘汞电极（内充 3mol/L 或饱和的氯化钾溶液）或复合 pH 电极。

2. 试剂及配制

（1）pH = 4.00 的标准缓冲溶液　准确称取预先在 115℃ ±5℃ 干燥并冷却至室温的优级纯邻苯二甲酸氢钾（$KHC_8H_4O_4$）10.12g，溶解于少量二级水中，并稀释至 1000mL。

（2）pH = 6.86 的标准缓冲溶液　准确称取经 115℃ ±5℃ 干燥并冷却至室温的优级纯磷酸二氢钾（KH_2PO_4）3.39g 以及优级纯无水磷酸氢二钠（Na_2HPO_4）3.55g 在少量二级水中溶解后，稀释至 1000mL。

（3）pH = 9.18 的标准缓冲溶液　准确称取优级纯硼砂（$Na_2B_4O_7 \cdot 10H_2O$）3.81g，在少量二级水中溶解后，稀释至 1000mL。此溶液储存时，应用充填有烧碱石棉的二氧化碳吸收管，防止二氧化碳影响。

上述标准缓冲溶液在不同温度条件下，其 pH 值会发生变化。标定及测定时，应根据溶液的温度进行补偿校正。

3. 仪器的校正定位

（1）电极的准备　新电极或长时间干燥保存的电极在使用前应将电极在二级水中浸泡过夜，使其不对称电位趋于稳定。如有急用，则可将上述电极浸泡在 0.1mol/L 盐酸中至少 1h，然后用二级水反复冲洗干净后才能使用。

对污染的电极，可用蘸有四氯化碳或乙醚的棉花轻轻擦净电极的头部，如发现敏感膜外壁有微锈，可将电极浸泡在 5%～10% 的盐酸中，待锈消除后再用，但绝不可浸泡在浓酸中，以防敏感膜严重脱水而报废。

（2）仪器设置　仪器开启半小时后，按仪器说明书的要求进行温度补偿等设置。

（3）pH 定位　一般需要两种标准缓冲溶液进行定位，通常一种是 pH=6.86 或者 pH=7.00 的缓冲溶液，另一种应选用与被测溶液 pH 值相近的缓冲溶液（例如测定锅炉给水和锅水的 pH 值，应选用 pH=9.18 或者 pH=10.00 的缓冲溶液）。

在定位前，先用二级水冲洗电极及测试烧杯 2 次以上，然后用干净滤纸将电极底部残留的水滴轻轻吸去，用 pH=6.86 或者 pH=7.00 的缓冲溶液淋洗电极和烧杯，再将缓冲溶液倒入测试烧杯内，浸入电极，进行第一点定位校正，然后重复上述操作，用 pH=9.18 或者 pH=10.00 的缓冲溶液进行第二点定位（必要时，可重复进行定位）。定位结束时，若仪器显示的斜率符合仪器说明书要求（一般不低于95%），说明仪器和电极正常，即可进行水样的 pH 值测定。

4. 水样的测定

将定位后的电极和测试烧杯，反复用二级水冲洗 2 次以上，再用被测水样冲洗 2 次以上，然后将电极浸入被测溶液，按上述操作进行 pH 值测定。

测定完毕后，应将电极用二级水反复冲洗干净，如短时间内还需测定，可将 pH 电极浸泡在二级水中备用，但应避免将 pH 电极长期浸泡在二级水中。测量后一般应将电极用二级水淋洗后浸泡在补充溶液中（通常为 3mol/L 氯化钾溶液）。电极暂时不用时，应将电极套上保护套（保护套内应放少量补充液）。

5. 注意事项

1）测定 pH 值时，水样温度与定位标准溶液的温度之差不宜超过 5℃，以免影响 pH 值测定的准确性。

2）测定 pH≥11 的高碱性水样时，考虑玻璃电极的"钠差"问题，即被测水样中钠离子的浓度对氢离子测定的干扰，应选用优质的高碱 pH 电极，以减小测定误差。

3）定位用标准缓冲溶液不应久置，为确保 pH 定位的准确性，应尽量使用新鲜配制的缓冲溶液。

三、电导率的测定

1. 仪器

（1）电导率仪　根据电导率测定范围选择合适的电导率仪，测量电导率小于 0.1μS/cm 的水样，仪器分辨率应为 0.005μS/cm。

（2）电导电极（简称电极）　根据水样电导率大小，选用合适的电导电极；测量电导率小于 3μS/cm 的水样，应采用金属电极或其他电导池常数不大于 0.01 cm⁻¹ 的电极，并配备密封流动池。

（3）温度计或温度探头　测量电导率大于 10μS/cm 的水样时，精度应为 ±0.5℃；测量电导率小于等于 10μS/cm 的水样时，精度应为 ±0.2℃。

2. 测定操作

1）电导率仪的设置、操作及电极的连接应按使用说明书的要求进行。

2）将电极用二级水洗净，再用一级试剂水冲洗 2~3 次，浸泡在一级水中备用。测定时需将仪器校正至电极上所标明的电导池常数。

3）电导率大于 3μS/cm 水样的测定：取 50~100mL 水样（温度 25℃±5℃）放入塑料杯或硬质玻璃杯中，将电极和温度计用被测水样冲洗 2~3 次后，浸入水样中进行电导率测定，重复取样测定 2~3 次，测定结果读数误差在允许范围以内，即为所测的电导率值，同时记录水样温度。

4）测量电导率小于 3μS/cm 的水样的测定：应将测量电极插入密封流动池中，并用合适的软管连接取样管与流动池，在现场流动状态下直接测量，调整流速，排除气泡，并防止产生湍流，测量至读数稳定。测定时应确保密封状态，防止空气中 CO_2 等气体溶入水样中使电导率增大。

5）电导率仪若带有温度自动补偿功能，应按仪器的使用说明结合所测水样温度将温度补偿调至相应数值；如果仪器没有温度自动补偿功能，水样温度不是 25℃ 时，应将测定数值按式（2-12）换算为 25℃ 的电导率值。

$$\sigma = \frac{\sigma_t}{1+\beta(t-25)} \tag{2-12}$$

式中　σ——换算成 25℃ 时水样的电导率（μS/cm）；

　　　σ_t——实际水温时测得的电导率（μS/cm）；

　　　β——温度校正系数（通常情况下 β 近似等于 0.02）；

　　　t——测定时水样温度（℃）。

3. 允许误差

同一操作者使用相同仪器，按相同测试方法，在短时间内对同一被测对象平行测定结果的绝对差值应满足表 2-2 要求。

表 2-2　电导率测定允许差

测量范围/（μS/cm）	允许差/（μS/cm）
$\sigma > 1000$	≤10
$100 < \sigma \leqslant 1000$	≤5
$10 < \sigma \leqslant 100$	≤0.3
$1.0 < \sigma \leqslant 10$	≤0.05
$\sigma \leqslant 1.0$	≤0.01

4. 电导池常数校准

（1）校准　电导池常数应定期用电导率与被测水样接近的氯化钾标准溶液校准，校准方法按仪器说明书进行。氯化钾标准溶液在不同温度下的电导率见表 2-3。

表 2-3　不同温度下氯化钾标准溶液的电导率

溶液浓度/（mol/L）	温度/℃	电导率/（μS/cm）
1.0	0	65176
	18	97838
	25	111342
0.10	0	7138
	18	11167
	25	12856
0.01	0	773.6
	18	1220.5
	25	1408.8
0.001	25	146.93

（2）氯化钾标准溶液的配制

1）1mol/L 氯化钾标准溶液：称取在 105℃ 干燥 2h 的优级纯氯化钾（或基准试剂）74.5513g，用新制备的二级水（20℃±2℃）溶解后移入 1L 容量瓶中，并稀释至刻度，摇匀。

2）0.1mol/L 氯化钾标准溶液：称取在 105℃ 干燥 2h 的优级纯氯化钾（或基准试剂）7.4551g，用新制备的二级水（20℃±2℃）溶解后移入 1L 容量瓶中，并稀释至刻度，摇匀。

3）0.01mol/L 氯化钾标准溶液：称取在 105℃ 干燥 2h 的优级纯氯化钾（或基准试剂）0.7455g，用新制备的一级水（20℃±2℃）溶解后移入 1L 容量瓶中，并稀释至刻度，摇匀。

4）0.001mol/L 氯化钾标准溶液：于使用前准确吸取 0.01mol/L 氯化钾标准溶液 100mL，移入 1L 容量瓶中，用新制备的一级水（20℃±2℃）稀释至刻度，摇匀。

以上氯化钾标准溶液，应放入聚乙烯塑料瓶（或硬质玻璃瓶）中，密封保存备用。

四、碱度和相对碱度的测定

（一）碱度的测定

1. 概要

水的碱度是指水中含有能接受氢离子的物质的摩尔浓度，例如氢氧根、碳酸盐、重碳酸盐、磷酸盐、磷酸氢盐、硅酸盐、硅酸氢盐、亚硫酸盐、腐植酸盐和氨等，都是水中常见的碱性物质，它们都能与酸进行反应。因此选用适宜的指示剂，用标准酸溶液对它们进行滴定，便可测出水的碱度。

碱度可分为酚酞碱度和全碱度两种。酚酞碱度是以酚酞作指示剂时所测出的值，其终点的 pH 为 8.3。全碱度是以甲基橙作指示剂时测出的值，终点的 pH 为 4.2。若碱度很小时，全碱度宜以甲基红-亚甲基蓝作指示剂，终点的 pH 为 5.0。

碱度的测定方法有两种：第一种方法适用于测定碱度较大的水样，如锅水、澄清水、冷却水、生水等，单位用毫摩尔/升（mmol/L）表示；第二种方法适用于测定碱度小于 0.5mmol/L 的水样，如凝结水、除盐水等，单位用微摩尔每升（μmol/L）表示。

2. 试剂及配剂

1）1%酚酞指示剂（以乙醇为溶剂）。

2）0.1%甲基橙指示剂。

3）甲基红-亚甲基蓝指示剂：准确称取 0.125g 甲基红和 0.085g 亚甲基蓝，在研钵中研磨均匀后，溶于 100mL95%乙醇中。

4）$c(1/2H_2SO_4) = 0.1000mol/L$ 硫酸标准溶液的配制和标定方法见本章第三节。

5）$c(1/2H_2SO_4) = 0.0500mol/L$ 和 $c(1/2H_2SO_4) = 0.0100mol/L$ 硫酸标准溶液：将 $c(1/2 H_2SO_4) = 0.1000mol/L$ 硫酸标准溶液，分别用二级水稀释至 2 倍和 10 倍即可制得，不必再标定。

3. 仪器

1）25mL 酸式滴定管。

2）5mL 或 10mL 微量滴定管。

3）250mL 锥形瓶。

4）100mL 量筒或 100mL 移液管。

4. 测定方法

（1）大碱度水样（如锅水、化学净水、冷却水、生水等）的测定方法　取 100mL 透明水样注于锥形瓶中，加入 2~3 滴 1%酚酞指示剂，此时若溶液显红色，则用 $c(1/2H_2SO_4) = 0.050mol/L$ 或 $0.1000mol/L$ 硫酸标准溶液滴定至恰好无色，记录耗酸体积 V_1，然后再加入 2 滴甲基橙指示剂，继续用上述硫酸标准溶液滴定至溶液呈橙红色为止，记录第二次耗酸体积 V_2（不包括 V_1）。

（2）小碱度水样（碱度小于 0.5mmol/L 的水样，如凝结水、除盐水等）的测定方法　取 100mL 透明水样，置于锥形瓶中，加入 2~3 滴 1% 酚酞指示剂，此时溶液若显红色，则用微量滴定管以 $c(1/2H_2SO_4)= 0.0100mol/L$ 标准溶液滴定至恰好无色，记录耗酸体积 V_1，然后再加入 2 滴甲基红-亚甲基蓝指示剂，再用上述硫酸标准溶液滴定，溶液由绿色变为紫色，记录耗酸体积 V_2（不包括 V_1）。

（3）无酚酞碱度时的测定方法　上述两种方法，若加酚酞指示剂后溶液不显色，可直接加甲基橙或甲基红-亚甲基蓝指示剂，用硫酸标准溶液滴定，记录耗酸体积 V_2。

（4）碱度的计算　上述被测定水样的酚酞碱度（JD_P）和全碱度（JD）为

$$JD_P = \frac{c_{1/2H_2SO_4} \times V_1}{V_S} \times 10^3 \tag{2-13}$$

$$JD = \frac{c_{1/2H_2SO_4} \times (V_1 + V_2)}{V_S} \times 10^3 \tag{2-14}$$

式中　JD_P——酚酞碱度（mmol/L）；

　　　　JD——全碱度（mmol/L）；

$c_{1/2H_2SO_4}$——硫酸标准溶液的浓度（mol/L）；

　　　　V_1——第一次终点时硫酸标准溶液消耗的体积（mL）；

　　　　V_2——第二次终点时硫酸标准溶液消耗的体积（mL）；

　　　　V_S——水样体积（mL）。

5. 注意事项

1）碱度的基本单元采用等一价基本单元的摩尔浓度。

2）测定自来水或清水碱度时应注意残余氯（Cl_2）的影响，若水样残余氯大于 1mg/L 时，会影响指示剂的颜色，可加入 0.1mol/L 硫代硫酸钠溶液 1~2 滴，以消除干扰。

3）乙醇酸性的影响：配制酚酞指示剂时，如果乙醇自身的 pH 值较低，配制成酚酞指示剂（10g/L，以乙醇为溶剂），会影响碱度的测定。为了避免影响，配置好的酚酞指示剂，应用 0.05mol/L NaOH 溶液中和至刚好见稳定的微红色。

（二）相对碱度的测定

应先分别测定出锅水的酚酞碱度（JD_P）、全碱度（JD）和溶解固形物的质量浓度（以下简称浓度）。然后按式（2-15）计算锅水相对碱度。

$$JD_{XD} = \frac{(2 \times JD_P - JD) \times 40g/mol}{c(RG)} \tag{2-15}$$

式中　JD_{XD}——锅水相对碱度；

　　　　JD_P——锅水酚酞碱度（mmol/L）；

　　　　JD——锅水全碱度（mmol/L）；

$c(\mathrm{RG})$——锅水溶解固形物浓度（mg/L）；

40g/mol——NaOH 的摩尔质量。

五、硬度的测定

1. 概要

在 pH 为 10.0±0.1 的被测溶液中，用铬黑 T 作指示剂，以乙二胺四乙酸二钠（简称 EDTA）标准溶液滴定至纯蓝色为终点，根据消耗 EDTA 的体积，计算出水的硬度。

2. 试剂及配制

1）$c(1/2\mathrm{EDTA})=0.0200\mathrm{mol/L}$ 标准溶液（配制方法见本章第三节）。

2）$c(1/2\mathrm{EDTA})=0.0010\mathrm{mol/L}$ 标准溶液（配制方法见本章第三节）。

3）氨-氯化铵缓冲溶液：称取 54g 氯化铵溶于 500mL 二级水中，加入 350mL 浓氨水（密度 0.90g/mL）以及 1.0g 乙二胺四乙酸二钠镁（简写为 $\mathrm{Na_2MgY}$，也可以用 0.944gEDTA 和 0.624g 七水硫酸镁来代替），用二级水稀释至 1000mL 并摇匀。然后取其中 10.00mL，按下面所注的方法进行鉴定，然后根据测定结果，往其余的缓冲溶液中加入所需 EDTA 标准溶液或镁盐溶液，使 EDTA 和 $\mathrm{Mg^{2+}}$ 的物质的量恰好相等。

注：缓冲溶液配制后必须进行鉴定和调整，以免分析结果产生误差。其方法为：取 10.00mL 配制的缓冲溶液，加 90mL 二级水，再加 2~3 滴铬黑 T 指示剂，如果溶液显红色，表明缓冲溶液中含硬度物质，用 EDTA 标准溶液滴定至刚好由红色转成纯蓝色，然后根据 EDTA 消耗量和需调整的缓冲溶液量，计算出需添加的 EDTA 量（例如配制了缓冲溶液 1000mL，试验时消耗 EDTA 标准溶液 0.10mL，则其余的 990mL 缓冲溶液中需添加 9.90mL 该 EDTA 标准液）；如果加入指示剂后，溶液显蓝色，则可能有两种情况：一种是缓冲溶液中 EDTA 和 $\mathrm{Mg^{2+}}$ 均无过剩量，另一种也有可能是 EDTA 过量。这时可用 0.01mol/L$\mathrm{Mg^{2+}}$ 标准溶液（可用氯化镁或硫酸镁配制）来滴定，若 $\mathrm{Mg^{2+}}$ 标准溶液消耗量不大于 0.02mL 即转为紫蓝色，可视为两者等量，否则即为 EDTA 过量，需根据 $\mathrm{Mg^{2+}}$ 标准溶液消耗结果，精确地往其余的缓冲溶液中加入 $\mathrm{Mg^{2+}}$。每次调整后，都应再次鉴定，直到确定溶液中 EDTA 和 $\mathrm{Mg^{2+}}$ 均无过剩量。

4）硼砂缓冲溶液：称取硼砂（$\mathrm{Na_2B_4O_7 \cdot 10H_2O}$）40g 溶于 80mL 二级水中，加入氢氧化钠 10g，溶解后用二级水稀释至 1000mL 摇匀。取 50.00mL，加 0.1mol/L 盐酸溶液 40mL，然后测定其所含硬度，并根据测定结果往其余 950mL 缓冲溶液中加入所需 EDTA 标准溶液，以抵消其硬度。

5）铬黑 T 指示剂（5g/L）：称取 0.5g 铬黑 T（$\mathrm{C_{20}H_{12}O_7N_3SNa}$）与 2g 盐酸羟胺，在研钵中磨匀，溶于乙醇（95%），用乙醇（95%）稀释至 100mL，将此溶液转入棕色瓶中备用。

3. 测定方法

（1）水样硬度大于 0.5mmol/L 的测定　按表 2-4 的规定取适量透明水样注于 250mL 锥形瓶中，用二级水稀释至 100mL。

表 2-4　不同硬度取水样体积

水样硬度/（mmol/L）	取水样体积/mL
0.5~5.0	100
5.0~10.0	50
10.0~20.0	25

加入 5mL 氨-氯化铵缓冲溶液和 2~3 滴 0.5% 铬黑 T 指示剂，在不断摇动下，用 $c(1/2EDTA) = 0.0200mol/L$ 标准溶液滴定至溶液由酒红色变为纯蓝色即为终点，记录 EDTA 标准溶液所消耗的体积 V，按式（2-16）计算硬度（YD），单位为 mmol/L。

$$YD = \frac{cV}{V_S} \times 10^3 \qquad (2-16)$$

式中　c——（1/2EDTA）标准溶液的浓度（mol/L）；

　　　V——滴定时所耗 EDTA 标准溶液的体积（mL）；

　　　V_S——水样体积（mL）。

（2）水样硬度在 0.001~0.5mmol/L 的测定　取 100mL 透明水样注于 250mL 锥形瓶中，加 3mL 氨-氯化铵缓冲溶液（或 1mL 硼砂缓冲溶液）及 2 滴 0.5% 铬黑 T 指示剂，在不断摇动下，用 $c(1/2EDTA) = 0.0010mol/L$ 标准溶液滴定至纯蓝色即为终点，记录 EDTA 标准溶液所消耗的体积 V，按式（2-17）计算硬度（YD），单位为 μmol/L。

$$YD = \frac{cV}{V_S} \times 10^6 \qquad (2-17)$$

式中　c——（1/2EDTA）标准溶液的浓度（mol/L）；

　　　V——滴定时所耗 EDTA 标准溶液的体积（mL）；

　　　V_S——水样体积（mL）。

4. 注意事项

1）若水样的酸性或碱性较高时，应先用 $c(NaOH) = 0.1mol/L$ 的氢氧化钠标准溶液或 $c(HCl) = 0.1mol/L$ 的盐酸标准溶液中和，然后再加缓冲溶液，水样才能维持 pH = 10±0.1。

2）对碳酸盐硬度较高的水样，在加入缓冲溶液前，应先稀释或先加入所需 EDTA 标准溶液量的 80%~90%（记入所消耗的体积内），否则有可能析出碳酸盐沉淀，使滴定终点延长。

3）冬季水温较低时，络合反应速度较慢，容易造成滴定过量而产生误差，因此当温度较低时，应将水样预先加温至 30~40℃后进行测定。

4）如果在滴定过程中发现滴定不到终点或指示剂加入后颜色呈灰紫色时，可能是 Fe、Al、Cu 或 Mn 等离子的干扰。遇此情况，可在加指示剂前，用 2mL1% 的 L-半胱氨酸盐和 2mL 三乙醇胺（1：4）进行联合掩蔽，或先加入所需 EDTA 标准溶液 80%~90%（记入所消耗的体积内），即可消除干扰。

5）pH = 10.0±0.1 的缓冲溶液，除使用氨-氯化铵缓冲溶液外，还可用氨基乙醇配制的缓冲溶液（无味缓冲液）。此缓冲溶液的优点是无味，pH 值稳定，不受室温变化的影响。配制方法：取 400mL 二级水，加入 55mL 浓盐酸，然后将此溶液慢慢加入 310mL 氨基乙醇中，并同时搅拌，最后加入 5.0g 分析纯 Na_2MgY，用二级水稀释至 1000mL，在 100mL 水样中加入此缓冲溶液 1.0mL，即可使 pH 值维持在 10.0±0.1 的范围内。

6）除用铬黑 T 外，还可选用表 2-5 所列的指示剂。由于酸性铬蓝 K 作指示剂时，滴定终点为蓝紫色，为了便于观察终点颜色变化，可加入适量的萘酚绿 B，称为 KB 指示剂。它以固体形式存放较好，也可以分别配制成酸性铬蓝 K 和萘酚绿 B 溶液，使用时按试验确定的比例加入。KB 指示剂的终点颜色为蓝色。

表 2-5　指示剂名称和配制方法

指示剂名称	分子式	配制方法
酸性铬蓝 K	$C_{16}H_9O_{12}N_2S_3Na_3$	0.5g 酸性铬蓝 K 与 4.5g 盐酸羟胺混合，加 10mL 氨-氯化铵缓冲溶液和 40mL 二级水，溶解后用 95% 乙醇稀释至 100mL
酸性铬深蓝	$C_{16}H_{10}N_2O_9S_2Na_2$	0.5g 酸性铬深蓝加 10mL 氨-氯化铵缓冲溶液，加入 40mL 二级水，用 95% 乙醇稀释至 100mL
酸性铬蓝 K+萘酚绿 B（简称 KB）	$C_{16}H_9O_{12}N_2S_3Na_3$ + $C_{30}H_{15}FeN_3Na_3O_{15}S_3$	0.1g 酸性铬蓝 K 与 0.15g 萘酚绿 B 与 10g 干燥的氯化钾混合研细
铬蓝 SE	$C_{16}H_9O_9S_2N_2ClNa_2$	0.5g 铬蓝 SE 加 10mL 氨-氯化铵缓冲溶液，用二级水稀释至 100mL
依来铬蓝黑 R	$C_{20}H_{13}N_2O_5SNa$	0.5g 依来铬蓝黑 R 加 10mL 氨-氯化铵缓冲溶液，用无水乙醇稀释至 100mL

7）硼砂缓冲溶液和氨-氯化铵缓冲溶液在玻璃瓶中储存会腐蚀玻璃，增加硬度，所以宜储存在塑料瓶中。另外，硼砂缓冲溶液只适用于测定硬度为 0.001~0.5mmol/L 的水样。

六、氯化物浓度的测定

水样中的氯化物浓度通常采用硝酸银容量滴定法测定。但是当水样中含有碳酸盐、亚硫酸盐、磷酸盐、聚磷酸盐、聚羧酸盐和有机磷酸盐等物质时，会明显干扰氯化物的测定，因此测定加有防垢剂的锅水氯化物浓度时，就容易造成测定误差。另一种测定锅水氯化物浓度的方法是按 GB/T 29340《锅炉用水和冷却水分析方

法 氯化物的测定 硫氰化铵滴定法》的规定测定氯离子的含量，这种方法准确性较高。下面分别介绍这两种测定氯化物的方法。

（一）硝酸银滴定法测定氯化物

1. 概要

本方法适用于测定氯化物浓度为 3~150mg/L 的水样，超过 150mg/L 时，可适当减少取样体积，稀释后测定。

在中性或弱碱性溶液中，氯化物与硝酸银作用生成白色氯化银沉淀，过量的硝酸银与铬酸钾作用生成砖红色铬酸银沉淀，使溶液显橙色，即为滴定终点。

用此法测定水样中的氯化物时应注意以下两点：

1）该测定只能在中性或弱碱性（pH = 6.5~10.5）条件下进行。这是因为一方面 Ag_2CrO_4 易溶于酸，如果 pH 值过低，就会因 Ag_2CrO_4 难以形成沉淀而使终点无法判断终点；另一方面，如 pH 值过高，滴入的 Ag^+ 易生成棕褐色的 Ag_2O 沉淀，从而干扰 AgCl 沉淀的生成，并造成误差。所以对于酸性或强碱性的水样，在滴定前应预先进行中和。例如测定锅水中的 Cl^- 时，应先加酚酞指示剂，用硫酸中和滴定至无色后再进行测定。

2）AgCl 沉淀容易吸附溶液中的 Cl^-，使溶液中 Cl^- 浓度降低，以致有时尚未到达等量点时，Ag_2CrO_4 沉淀就提前产生，从而引起误差。所以滴定时应剧烈摇动瓶子，使被吸附的 Cl^- 释放出来；当水样中 Cl^- 浓度过高时，应稀释后测定。

2. 试剂及配制

1）氯化钠标准溶液（1mL 含 1mg 氯离子）：取基准试剂或优级纯的氯化钠 3~4g 置于瓷坩埚内，于高温炉内升温至 500℃ 灼烧 10min，然后放入干燥器内冷却至室温，准确称取 1.648g 氯化钠，先溶于少量二级水，然后准确稀释至 1000mL。

2）硝酸银标准溶液（1mL 相当于 1mgCl⁻）：称取 5.0g 硝酸银溶于 1000mL 二级水，以氯化钠标准溶液标定。标定方法：于三个锥形瓶中，用移液管分别注入 10.00mL 氯化钠标准溶液，再各加入 90mL 二级水及 1.0mL10% 铬酸钾指示剂，均用硝酸银标准溶液滴定至微橙色，分别记录硝酸银标准溶液的消耗量 V，取平均值，三个平行试验数值间的相对误差应小于 0.25%。另取 100mL 二级水做空白试验，除不加氯化钠标准溶液外，其他步骤同上，记录硝酸银标准溶液的消耗量 V_0。

硝酸银溶液的浓度 T（mgCl⁻/mLAgNO₃）为

$$T = \frac{10\text{mL} \times 1.00\text{mg/mL}}{V - V_0} \tag{2-18}$$

式中　　V_0——空白试验消耗硝酸银标准溶液的体积（mL）；

　　　　V——氯化钠标准溶液消耗硝酸银标准溶液的平均体积（mL）；

　　　　10mL——氯化钠标准溶液的体积；

1.00mg/mL——氯化钠标准溶液的浓度（以 Cl^- 计）。

最后调整硝酸银标准溶液的浓度，使其准确成为 1mL 相当于 1mgCl⁻ 的标准溶液。

3）10%铬酸钾指示剂。

4）1%酚酞指示剂（以乙醇为溶剂）。

5）0.1mol/L 氢氧化钠溶液（配制方法见本章第三节）。

6）0.1mol/L 硫酸溶液（配制方法见本章第三节）。

3. 水样的测定

1）量取 100mL 水样于锥形瓶中，加 1~2 滴 1%酚酞指示剂，若显红色，即用硫酸溶液中和至无色。若不显红色，则用氢氧化钠溶液中和至微红色，然后以硫酸溶液滴回至无色（若能确定水样为中性，可省略此步），再加入 1.0mL10%铬酸钾指示剂。

2）用硝酸银标准溶液滴定至橙色，记录硝酸银标准溶液的消耗体积 V_1。同时做空白试验（方法同上），记录硝酸银标准溶液的消耗体积 V_0。

氯化物（Cl⁻）浓度为

$$c(Cl^-) = \frac{(V_1 - V_0) \times 1.0 \text{mg/L}}{V_S} \times 1000 \qquad (2\text{-}19)$$

式中　V_1——滴定水样消耗硝酸银溶液的体积（mL）；

$\quad V_0$——空白试验时消耗硝酸银溶液的体积（mL）；

$\quad$ 1.0——硝酸银标准溶液对氯离子的滴定度，1mL 相当于 1mgCl⁻（mgCl⁻/mL）；

$\quad V_S$——水样的体积（mL）。

4. 注意事项

1）当水样中氯离子浓度大于 100mg/L 时，须按表 2-6 中规定的体积取水样，并用二级水稀释至 100mL 后测定。

表 2-6　水样中氯化物的浓度和取水样体积

水样中 Cl⁻ 浓度/（mg/L）	101~200	201~400	401~1000
取水样体积/mL	50	25	10

2）当水样中硫离子（S²⁻）浓度大于 5mg/L，铁、铝浓度大于 3mg/L 或颜色太深时，应事先用过氧化氢脱色处理（每升水加 20mL），并煮沸 10min 后过滤。如果颜色仍不消失，可于 100mL 水样中加 1g 碳酸钠然后蒸干，将干涸物用二级水溶解后进行测定。

3）如果水样中氯离子浓度小于 5mg/L，可将硝酸银溶液稀释为 1mL 相当于 0.5mgCl⁻ 后使用。

4）为了便于观察终点，可另取 100mL 水样加 1mL 铬酸钾指示剂作为对照。

5）混浊水样应事先进行过滤。

另外要注意的是，硝酸银易受光照而分解，所以硝酸银固体或溶液都必须保存或盛放在棕色容器内，并尽量避免光照。

（二）硫氰化铵滴定法测定氯化物

1. 概要

本法适用于测定氯化物浓度为 5～100mg/L 的水样，高于此范围的水样经稀释后可以扩大其测定范围。本方法用于含有碳酸盐、亚硫酸盐、正磷酸盐、聚磷酸盐、聚羧酸盐和有机磷酸盐等干扰物质的锅水氯化物的测定。

在酸性条件下（pH≤1），溶液中碳酸盐、亚硫酸盐、正磷酸盐、聚磷酸盐、聚羧酸盐和有机磷酸盐等干扰物质不能与 Ag^+ 发生反应，而 Cl^- 仍能与 Ag^+ 生成沉淀。

被测水样用硝酸酸化后，再加入过量的硝酸银（$AgNO_3$）标准溶液，使 Cl^- 全部与 Ag^+ 生成氯化银（AgCl）沉淀，过量的 Ag^+ 用硫氰化铵（NH_4SCN）标准溶液返滴定，选择铁铵矾〔$NH_4Fe(SO_4)_2$〕作指示剂，当到达滴定终点时，SCN^- 与 Fe^{3+} 生成红色络合物，使溶液变色，即为滴定终点。

$$Cl^- + Ag^+ \rightarrow AgCl\downarrow（白色） \qquad (2-20)$$

$$SCN^- + Ag^+ \rightarrow AgSCN\downarrow（白色） \qquad (2-21)$$

$$SCN^- + Fe^{3+} \rightarrow FeSCN^{2+}（红色络合物） \qquad (2-22)$$

在过量的硝酸银（$AgNO_3$）标准溶液的物质的量，扣除等量消耗的 SCN^- 的物质的量，即可计算出水中 Cl^- 的浓度。

2. 试剂及配制

1）分析纯浓硝酸溶液。

2）硝酸银标准溶液〔$c(AgNO_3)=0.03mol/L$〕，配制方法见上述硝酸银滴定法测定氯化物，浓度换算：$c(AgNO_3)=T/35.45g/mol$（其中 T 为硝酸银标准溶液对氯离子的滴定度，35.45g/mol 为氯原子的摩尔质量）。

3）铁铵矾指示剂（100g/L）：称取 10g 铁铵矾，溶于二级水中，并稀释至 100mL。

4）硫氰化铵标准溶液配制与标定。

① 硫氰化铵溶液的配制：称取 2.3g 硫氰化铵（NH_4SCN）溶于 1000mL 二级水中。

② 硫氰化铵溶液的标定：在三个锥形瓶中，用移液管分别移入 10.00mL $AgNO_3$ 标准溶液，再各加 90mL 二级水及 1.0 mL 铁铵矾指示剂（100g/L），均用硫氰化铵（NH_4SCN）标准溶液滴定至红色，记录硫氰化铵溶液消耗体积 V_1。另取 100mL 二级水，加 1.0mL 铁铵矾指示剂，用硫氰化铵标准溶液滴定至红色（空白试验），记录空白试验硫氰化铵溶液消耗体积 V_0。硫氰化铵标准溶液浓度 c_2（mol/L）为

$$c_2 = \frac{10\text{mL}c_1}{V_1 - V_0}$$ (2-23)

式中 c_2——硫氰化铵标准溶液的浓度（mol/L）；

       c_1——硝酸银标准溶液的浓度（mol/L）；

       V_1——硝酸银标准溶液消耗硫氰化铵标准溶液的体积（mL）；

       V_0——空白试验消耗硫氰化铵标准溶液的体积（mL）；

   10mL——硝酸银标准溶液的体积。

3. 水样的测定

1）准确量取 100mL 水样置于 250mL 锥形瓶中，加 1mL 分析纯浓硝酸，使水样 pH ≤ 1。加入硝酸银标准溶液 15.00mL，摇匀，加入 1.0mL 铁铵矾指示剂（100g/L），用硫氰化铵标准溶液快速滴定至红色，记录硫氰化铵标准溶液消耗体积 a。另取 100mL 二级水，加入 15.00mL 硝酸银标准溶液和 1.0mL 铁铵矾指示剂做空白试验，记录空白试验硫氰化铵标准溶液消耗体积 b。

2）水样中氯化物（以 Cl^- 计）浓度为

$$c(Cl^-) = \frac{(b-a)c_2 M_{Cl}}{V_S} \times 1000$$ (2-24)

式中 $c(Cl^-)$——水样中氯离子浓度（mg/L）；

         b——空白试验时消耗硫氰化铵标准溶液的体积（mL）；

         a——滴定水样时消耗硫氰化铵标准溶液的体积（mL）；

        c_2——硫氰化铵标准溶液的浓度（mol/L）；

      M_{Cl}——氯原子的摩尔质量（g/mol），$M_{Cl} = 35.45$g/mol；

       V_S——所取水样的体积（mL）。

4. 注意事项

1）水样体积的控制：由于硫氰化铵滴定法测定 Cl^- 采用的是返滴定法，溶液被酸化后，加入 $AgNO_3$ 的量应比被测溶液中 Cl^- 的浓度要略高，否则就无法进行返滴定。当水样中氯离子浓度大于 100mg/L 时，应当按表 2-6 中规定的体积吸取水样，用二级水稀释至 100mL 后测定，但在做空白试验时，空白水体积应加上稀释时用水体积（例如：取 25mL 水样加 75mL 二级水稀释，则应取 175mL 二级水做空白试验）。

2）被测溶液 pH 值的控制：被测溶液 pH ≤ 1 时，溶液中碳酸盐、亚硫酸盐、正磷酸盐、聚磷酸盐和有机磷酸盐等干扰物质不与 Ag^+ 发生反应。不同的水样碱度、pH 值差别较大，因此测定前加 HNO_3 酸化时，HNO_3 的加入量应以被测溶液 pH ≤ 1 为准。

3）标准溶液浓度的控制：如水样中氯离子浓度小于 5mg/L 时，可将硝酸银和硫氰化铵标准溶液稀释使用。

4）对于混浊水样，应当事先进行过滤。

5）防止沉淀吸附的影响：加入过量的 $AgNO_3$ 标准溶液后，产生的 AgCl 沉淀容易吸附溶液中的 Cl^-，应充分摇动，使 Ag^+ 与 Cl^- 进行定量反应，防止测定结果产生负误差。

6）防止 AgCl 沉淀转化成 AgSCN 而造成误差。由于 AgCl 的溶度积比 AgSCN 的大，在滴定接近化学计量点时，SCN^- 可能与 AgCl 发生反应从而引进误差，其反应式为

$$SCN^- + AgCl \rightarrow AgSCN \downarrow + Cl^- \tag{2-25}$$

因这种沉淀转化缓慢，影响不大，如果分析要求不是太高，可在接近终点时，快速滴定，摇动不用太剧烈，即可基本消除其造成的负误差。

若分析要求很高，则可先将 AgCl 沉淀进行过滤，然后再用 SCN^- 返滴定，或者加入硝基苯在 AgCl 沉淀表面覆盖一层有机溶剂，阻止 SCN^- 与 AgCl 发生沉淀转化反应。

七、溶解固形物浓度的测定

（一）重量法测定溶解固形物浓度

1. 概要

溶解固形物是指已被分离悬浮固形物后的滤液经蒸发干燥所得的残渣。

重量法测定锅炉用水的溶解固形物浓度有三种方法：第一种方法适用于碱度较低的一般水样，第二种方法适用于全碱度 ≥4mmol/L 的水样，第三种方法适用于含有大量吸湿性很强的固体物质（如氯化钙、氯化镁、硝酸钙、硝酸镁等）的水样。

2. 仪器和试剂

（1）仪器

1）水浴锅或 400mL 烧杯。

2）100～200mL 瓷蒸发皿。

3）感量为 0.1mg 的分析天平。

（2）试剂

1）$c(1/2H_2SO_4) = 0.1mol/L$ 硫酸标准溶液，配制和标定的方法见本章第三节。

2）10g/L 酚酞指示剂。

3）1g/L 甲基橙指示剂。

3. 测定方法

（1）第一种方法测定步骤

1）取一定量已过滤充分摇匀的澄清水样（水样体积应使蒸干残留物的质量在 100mg 左右），逐次注入经烘干至恒重的蒸发皿中，在水浴锅上蒸干。

2）将已蒸干的样品连同蒸发皿移入 105～110℃ 的烘箱中烘 2h，然后取出蒸发皿放在干燥器内冷却至室温，迅速称量。

3）在相同条件下再烘 0.5h，冷却后再次称量，如此反复操作直至恒重。

4）溶解固形物浓度 $c(RG)$ 为

$$c(RG) = \frac{m_1 - m_2}{V} \times 1000 \tag{2-26}$$

式中　$c(RG)$——溶解固形物浓度（mg/L）；

　　　　m_1——蒸干的残留物与蒸发皿的总质量（mg）；

　　　　m_2——空蒸发皿的质量（mg）；

　　　　V——水样的体积（mL）。

（2）第二种方法测定步骤

1）按第一种方法的 1）~3）测定步骤进行操作。

2）另取 100mL 已过滤充分摇匀的澄清锅炉水样注于 250mL 锥形瓶中，加入 2 滴酚酞指示剂（10g/L），若溶液显红色，用 $c(1/2H_2SO_4)$ 0.1mol/L 硫酸标准溶液滴定至恰好无色，记录耗酸体积 V_1，再加入 2~3 滴甲基橙指示剂（1g/L），继续用硫酸标准溶液滴定至橙红色为止，记录第二次耗酸体积 V_2（不包括 V_1）。

3）溶解固形物浓度为

$$c(RG) = \frac{(m_1 - m_2) + 0.59 c V_T \times M_{CO_2}}{V} \times 1000 \tag{2-27}$$

式中　$c(RG)$、m_1、m_2、V 同式（2-26）；

　　　　c——硫酸标准溶液准确浓度（mol/L）；

　　0.59——碳酸钠水解成 CO_2 后在蒸发过程中损失质量的换算因数；

　　　　V_T——滴定时碳酸盐所消耗的硫酸标准溶液体积（mL），当 $V_1 > V_2$ 时，$V_T = V_2$；当 $V_1 \leqslant V_2$ 时，$V_T = V_1 + V_2$；

　　M_{CO_2}——CO_2 的摩尔质量（g/mol），$M_{CO_2} = 44g/mol$。

（3）第三种方法测定步骤

1）取一定量充分摇匀的水样（水样体积应使蒸干残留物的质量在 100mg 左右），加入 20mL 碳酸钠标准溶液，逐次注入经烘干至恒重的蒸发皿中，在水浴锅上蒸干。

2）按第一种方法的 2）、3）测定步骤进行操作。

3）溶解固形物浓度 $c(RG)$ 为

$$c(RG) = \frac{m_1 - m_2 - c V_1}{V} \times 1000 \tag{2-28}$$

式中　$c(RG)$、m_1、m_2、V 同式（2-26）；

　　　　c——碳酸钠标准溶液的浓度（mg/mL），$c = 10mg/mL$；

　　　　V_1——加入碳酸钠标准溶液的体积（mL），$V_1 = 20mL$。

4. 注意事项

1）为防止蒸干、烘干过程中落入杂物而影响试验结果，必须在蒸发皿上放置玻璃三脚架并加盖表面皿。

2）测定溶解固形物浓度使用的瓷蒸发皿可用石英蒸发皿代替。如果不测定灼烧减量，也可以用玻璃蒸发皿代替瓷蒸发皿。

（二）固导比法间接测定溶解固形物浓度

1. 概要

溶解固形物的主要成分是可溶解于水的盐类物质。由于溶解于水的盐类物质属于强电解质，在水溶液中几乎都电离成阴、阳离子而具有导电性，而且电导率的大小与其浓度成一定比例关系。根据溶解固形物浓度与电导率的比值（简称"固导比"），只要测定电导率就可近似地间接测定溶解固形物的浓度，这种测定方法简称固导比法。

由于各种离子在溶液中的迁移速度不一样，其中以 H^+ 最大，OH^- 次之，K^+、Na^+、Cl^-、NO_3^- 离子相近，HCO_3^-、$HSiO_3^-$ 等离子半径较大的一价阴离子为最小。因此同样浓度的酸、碱、盐溶液电导率相差很大。采用固导比法时，对于酸性或碱性水样，为了消除 H^+ 和 OH^- 的影响，测定电导率时应当预先中和水样。

本方法适用于离子组成相对稳定的锅水溶解固形物浓度的测定。对于采用不同水源的锅炉，或者采用除盐水作补给水的锅炉，如果离子组成差异较大，应当分别测定其固导比。

2. 固导比的测定

1）取一系列不同浓度的锅水，分别用重量法测定溶解固形物的浓度。

2）取 50~100mL 与测定溶解固形物浓度对应的锅水，分别加入 1~2 滴酚酞指示剂（10g/L），若显红色，用 $c(1/2H_2SO_4) = 0.1mol/L$ 的硫酸标准溶液滴定至恰好无色，然后测定其电导率。

3）用回归方程计算固导比 K_D。

3. 用固导比测定溶解固形物浓度

1）取 50~100ml 的锅水，加入 1~2 滴酚酞指示剂（10g/L），若显红色，用 $c(1/2H_2SO_4) = 0.1mol/L$ 的硫酸标准溶液滴定至恰好无色，然后测定其电导率 S。

2）锅水溶解固形物的浓度为

$$c(RG) = SK_D \tag{2-29}$$

式中　$c(RG)$——溶解固形物的浓度（mg/L）；

　　　S——水样在中和酚酞碱度后的电导率（μS/cm）；

　　　K_D——固导比［(mg/L)/(μS/cm)］。

4. 注意事项

1）由于水源中各种离子浓度的比例在不同季节时变化较大，固导比也会随之发生改变，因此应当根据水源水质的变化情况定期校正锅水的固导比。

2）对于同一类天然淡水，以温度 25℃ 时为准，电导率与盐含量大致成比例关系，其比例约为：1μS/cm 相当于 0.55~0.90mg/L。在其他温度下测定需加以校正，每变化 1℃，盐含量大约变化 2%。

3）当电解质溶液的浓度不超过20%时，电解质溶液的电导率与溶液的浓度成正比，当浓度过高时，电导率反而下降，这是因为电解质溶液的表观离解度下降。因此一般用各种电解质在无限稀释时的等量电导来计算该溶液的电导率与溶解固形物浓度的关系。

（三）固氯比法间接测定溶解固形物浓度

1. 概要

1）在高温锅水中，氯化物具有不易分解、挥发、沉淀等特性，因此锅水中氯化物的浓度变化往往能够反映出锅水的浓缩倍率。在一定的水质条件下，锅水中的溶解固形物的浓度与氯离子的浓度之比（简称"固氯比"）接近于常数，所以在水源水质变化不大和水处理稳定的情况下，根据溶解固形物浓度与氯离子浓度的比值关系，只要测出氯离子的浓度就可近似地间接测得溶解固形物的浓度，这个方法简称为固氯比法。该方法仅适用于锅炉使用单位在水源水和水处理方法及水处理药剂不变、加药量稳定的情况。

2）本方法适用于氯离子浓度与溶解固形物浓度之比值相对稳定的锅水溶解固形物浓度的测定。本方法不适用于以除盐水作补给水的锅炉水溶解固形物浓度的测定。

2. 固氯比的测定

1）取一系列不同浓度的锅水，分别用重量法测定溶解固形物的浓度。

2）取与测定溶解固形物浓度对应的锅水各 50～100mL，分别测定其氯离子浓度。

3）用回归方程计算固氯比 K_L。

3. 用固氯比测定溶解固形物浓度

1）取一定体积的锅水测定其氯离子浓度（mg/L）。

2）锅水溶解固形物的浓度为

$$c(RG) = c(Cl)K_L \qquad (2\text{-}30)$$

式中　　$c(RG)$——溶解固形物浓度（mg/L）；

$c(Cl)$——水样中氯离子浓度（mg/L）；

K_L——固氯比。

4. 注意事项

1）由于水源水中各种离子浓度的比例在不同季节时变化较大，固氯比也会随之发生改变，因此应当根据水源水质的变化情况定期校正锅水的固氯比。

2）离子交换器（软水器）再生后，应当将残余的盐水清洗干净（洗至交换器出水的 Cl^- 与进水 Cl^- 的浓度基本相同），否则残留的 Cl^- 进入锅炉内，将会改变锅水的固氯比，影响测定的准确性。

3）采用无机阻垢药剂进行加药处理的锅炉，加药量应当尽量均匀，避免加药间隔时间过长或一次性加药量过大而造成固氯比波动大，影响溶解固形物浓度测定的准确性。

八、磷酸盐浓度的测定（磷钼蓝目视比色法）

1. 概要

在 $c(H^+) = 0.6mol/L$ 的酸度下，磷酸盐与钼酸铵生成磷钼黄，用氯化亚锡还原成磷钼蓝后，与同时配制的标准色进行比色测定。

磷钼蓝比色法仅供现场测定，适用于磷酸盐浓度为 2~50mg/L 的水样。

2. 仪器

具有磨口塞的 25mL 比色管。

3. 试剂及配制

1）磷酸盐标准溶液（1mL 含 1mg 磷酸根）：称取在 105℃ 干燥过的磷酸二氢钾（KH_2PO_4）1.433g，溶于少量二级水中后，稀释至 1000mL。

2）磷酸盐工作溶液（1mL 含 0.1mg 磷酸根）：取上述标准溶液，用二级水准确稀释 10 倍。

3）钼酸铵-硫酸混合溶液：于 600mL 二级水中缓慢加入 167mL 浓硫酸（密度 1.84g/cm³），冷却至室温。称取 20g 钼酸铵 [（NH_4）$_6Mo_7O_{24}$ · $4H_2O$]，研细后溶于上述硫酸溶液中，用二级水稀释至 1000mL。

4）氯化亚锡甘油溶液（15g/L）：称取 1.5g 优级纯氯化亚锡于烧杯中，加 20mL 浓盐酸（密度为 1.19g/cm³），加热溶解后，再加 80mL 纯甘油（丙三醇），搅匀后将溶液转入塑料瓶中备用。此溶液易受氧化而失效，需密封保存，室温下使用期限不应超过 20 天（当测定中不能使溶液中的磷钼黄还原成磷钼蓝时，表明已失效，需更换）。

4. 测定方法

1）量取 0mL、0.20mL、0.40mL、0.60mL、0.80mL、1.00mL、1.50mL、2.00mL、2.50mL 磷酸盐工作溶液以及 5mL 经中速滤纸过滤后的水样，分别注入一组比色管中，用二级水稀释至约 20mL，摇匀。

2）于上述比色管中各加入 2.5mL 钼酸铵-硫酸混合溶液，然后用二级水稀释至刻度，摇匀。

3）于每支比色管中加入 2~3 滴氯化亚锡甘油溶液，摇匀，待 2min 后进行比色。

4）水样中磷酸盐（以 PO_4^{3-} 计）的浓度为

$$c(PO_4^{3-}) = \frac{cV_1}{V_S} \times 1000 = \frac{V_1}{V_S} \times 100 \tag{2-31}$$

式中　$c(PO_4^{3-})$——磷酸盐浓度（mg/L）；

　　　　c——磷酸盐工作溶液的浓度，$c = 0.1mg/mL$；

　　　　V_1——与水样颜色相当的标准色溶液中加入的磷酸盐工作溶液体积（mL）；

V_S——水样的体积（mL）。

5. 注意事项

1）水样与标准色应同时配制显色。

2）为了加快水样显色速度并避免硅酸盐干扰，显色时水样的酸度应维持在 0.6mol/L（H^+）。

3）水样混浊时应过滤后测定，磷酸盐的浓度不在 2～50mg/L 内时，应适当增加或减少水样量。

九、铁的测定

（一）磺基水杨酸分光光度法

1. 概要

本法适用于锅炉用水和冷却水中全铁浓度的测定。测定时先将水样中亚铁离子用过硫酸铵氧化成三价铁离子，在 pH 为 9～11 的条件下，三价铁离子与磺基水杨酸生成黄色络合物。此络合物最大吸收波长为 425nm。

本法测定范围为 0.05～10.00mg/L。

2. 仪器

分光光度计，配有 10mm 比色皿和 50mm 比色皿。

3. 试剂

1）浓盐酸（优级纯）。

2）浓氨水（优级纯）。

3）盐酸溶液（1+11）。

4）磺基水杨酸溶液（300g/L）。

5）过硫酸铵。

6）铁标准溶液：

① 铁储备溶液（1mL 含 100μg Fe^{3+}）。准确称取 0.1000g 纯铁丝（铁的质量分数>99.99%），加入 50mL 盐酸溶液（1+11），加热全部溶解后，加少量过硫酸铵，煮沸数分钟，移入 1L 容量瓶中，用二级水稀释至刻度，摇匀备用。也可以直接采购铁标准溶液。

② 铁标准溶液（1mL 含 10μg Fe^{3+}）。准确移取铁储备溶液 10.0mL 注入 100mL 容量瓶中，加入 5mL 盐酸溶液，用二级水稀释至刻度（此溶液应在使用时配制）。

4. 测定方法

（1）工作曲线的绘制

1）按表 2-7 和表 2-8 分别取一组铁工作溶液注入一组 50mL 容量瓶中，分别加入 1mL 浓盐酸，用二级水稀释至约 40mL。

表 2-7　低浓度铁工作溶液的配制 （使用 50mm 比色皿）

编号	1	2	3	4	5	6	7
铁标准溶液加入量/mL	0.00	0.25	0.5	1.00	1.50	2.00	2.50
相当于水样中铁浓度/(mg/L)	0.00	0.05	0.10	0.20	0.30	0.40	0.50

表 2-8　高浓度铁工作溶液的配制 （使用 10mm 比色皿）

编号	1	2	3	4	5	6	7
铁储备溶液加入量/mL	0.0	0.25	0.5	1.00	2.00	4.00	5.00
相当于水样中铁浓度/(mg/L)	0.0	0.5	1.0	2.0	4.0	8.0	10.0

2）各加入 4.0mL 磺基水杨酸溶液，摇匀；再各加浓氨水 4.0mL，摇匀，使 pH 为 9~11，用二级水稀释至刻度，摇匀后放置 10min。

3）用分光光度计，在波长为 425nm 处，以二级水作参比，测定吸光度。低浓度使用 50mm 比色皿，高浓度使用 10mm 比色皿。

4）根据测定的吸光度和相应的铁浓度绘制工作曲线并推导出回归方程。工作曲线线性相关系数应大于 0.999。

（2）水样的测定

1）取样瓶中加入浓盐酸（每 500mL 水样加浓盐酸 2mL）直接取样。

2）量取 50mL 经酸化的水样于 100 ~ 150mL 烧杯中，加入 1mL 浓盐酸和约 10mg 过硫酸铵，煮沸浓缩至约 20mL，冷却后移至 50mL 容量瓶中，用少量二级水清洗烧杯 2~3 次，洗液一并注入容量瓶中（其体积应不大于 40mL）。然后按绘制工作曲线的步骤进行发色，并在分光光度计上测定吸光度。根据测得的吸光度，扣除试剂空白后，查工作曲线或由回归方程计算出水样中的铁含量（有的分光光度计能自动计算，直接显示铁含量）。

5. 注意事项

1）对带色水样，应增加过硫酸铵的加入量，并通过空白试验扣除过硫酸铵的铁含量。

2）为了保证水样不受污染，取样瓶、烧杯、比色管等玻璃器皿，使用前均应用盐酸溶液（1+1）煮洗。

（二）1,10-菲啰啉分光光度法

1. 概要

铁（Ⅱ）菲啰啉络合物在 pH 为 2.5~9.0 时是稳定的，颜色的强度与铁（Ⅱ）存在量成正比。在铁浓度小于 5.0mg/L 时，铁（Ⅱ）浓度与吸光度呈线性关系。最大吸光值在 510nm 波长处。

本方法测定范围为 0.01~5mg/L。

2. 仪器

分光光度计：可设定检测波长为 510nm。

3. 试剂

1）硫酸溶液（1+3）。

2）盐酸溶液（2+1）。

3）氨水溶液（1+1）。

4）乙酸缓冲溶液：溶解 40g 乙酸铵和 50mL 乙酸于二级水中并稀释至 100mL。

5）盐酸羟胺溶液（100g/L）：溶解 10g 盐酸羟胺于二级水中并稀释至 100mL。此溶液可稳定放置一周。

6）过硫酸钾溶液（40g/L）：溶解 4g 过硫酸钾于二级水中并稀释至 100mL，室温下储存于棕色瓶中。此溶液可稳定放置一个月。

7）1,10-菲啰啉溶液（5g/L）：溶解 0.5g 1,10-菲啰啉盐酸盐（一水合物）于二级水中并稀释至 100mL，或将 0.42g 1,10-菲啰啉（一水合物）溶于含有两滴盐酸溶液的 100mL 二级水中。此溶液置于棕色瓶中并于暗处保存，可稳定放置一周。

8）铁标准储备溶液：1mL 含 1000μg Fe 或 1mL 含 100μg Fe（现购）。

9）铁工作溶液（1mL 含 5μg Fe）：准确吸取适量铁标准储备液至容量瓶中，加入 5mL 盐酸溶液，用二级水稀释至刻度。使用当天制备该溶液。

4. 测定方法

（1）工作曲线的绘制

1）用移液管按表 2-9 量取一定体积的铁工作溶液于一系列 50mL 容量瓶中，加 0.5mL 硫酸溶液于每一个容量瓶中，加二级水稀释至约 40mL。

表 2-9 铁标准溶液的配制

编号	1	2	3	4	5	6
铁工作溶液体积/mL	0	0.50	1.00	2.00	4.00	6.00
相当于水样中铁浓度/（mg/L）	0	0.05	0.10	0.20	0.40	0.60

2）在各容量瓶中加 1mL 盐酸羟胺溶液，并充分摇匀，静止 5min。

3）分别用氨水溶液调节溶液的 pH 至约 3，然后加 2mL 乙酸缓冲溶液使 pH 为 3.5～5.5，最好为 4.5，再加 2mL 1,10-菲啰啉溶液，用二级水稀释至刻度，摇匀，于暗处放置 10min。

4）在分光光度计上波长 510nm 处，用 50mm 长比色皿或光纤探头，以试剂空白试验为参比进行测定。

5）按分光光度计操作规程的方法画出曲线并推导出回归方程。

（2）水样的测定

1）用移液管量取 50mL 水样（取样后立即用硫酸酸化至 pH<1）于 100mL 锥形瓶，加 5mL 过硫酸钾溶液，微沸约 40min，剩余体积至约 20mL。冷却至室温后转移至 50mL 容量瓶中并补二级水至约 40mL。

2）按上述工作曲线的绘制中 2）～4）步骤进行操作测定。

（三）原子吸收光谱法

1. 概要

用石墨炉原子吸收分光光度仪测定水中痕量铁，将酸化后水样注入石墨管中，蒸发干燥、灰化、原子化，测量原子化阶段铁元素产生的吸收信号的吸光度，再从标准工作曲线上查得与各吸光度相对应的待测铁元素的浓度。

本法适于测定发电厂水、汽中的铁的浓度。本法测定范围：$0\sim100\mu g/L$。

2. 仪器

原子吸收光谱分析仪。

3. 试剂

1) 试剂水：使用符合 GB/T 6903 规定的一级水。

2) 硝酸溶液（1+199）：用光谱纯或优级纯硝酸配制。

3) 硝酸溶液（1+1）：用光谱纯或优级纯硝酸配制。

4) 铁标准储备溶液：1mL 含 $1000\mu g$ Fe 或 1mL 含 $100\mu g$ Fe（现购）。

5) 铁标准工作溶液（$20\mu g/L$）：取适量铁标准储备溶液，用（1+199）硝酸溶液稀释成 10mg/L 的铁标准中间溶液，再取适量的铁标准中间溶液用（1+199）硝酸溶液配成 $20\mu g/L$ 铁工作标准溶液，此工作溶液不能久置，应现用现配。

4. 测定方法

（1）工作曲线的绘制

1) 根据铁元素的检测灵敏度和水样中铁的浓度，确定进样体积，宜选取 $10\sim40\mu L$。

2) 以硝酸溶液（1+199）为空白溶液和稀释溶液，以铁标准工作溶液为铁最高浓度标准工作溶液，设置五个以上校正标准工作溶液，进样器将自动稀释、配制校正标准工作溶液，测定空白溶液和校正标准工作溶液的吸光度（峰面积或峰高）。以浓度为横坐标，以吸光度为纵坐标，绘制铁标准工作曲线或求得回归方程，线性相关系数应大于 0.995。

（2）水样的测定

1) 取样前，向 125mL 取样瓶中加入（1+1）硝酸溶液 1mL，然后采集水样 100mL。检测具体操作步骤参见相关原子吸收光谱仪操作规程。

2) 如果水样中铁浓度超过最高标准工作溶液浓度，设置进样器自动稀释水样重新测试。铁的浓度超过 $100\mu g/L$ 时，可以通过稀释后测试，也可以用火焰原子吸收法直接测试。

3) 分析水样时，每测试一定数目样品后，应分析一个标准样，检查测试结果是否符合要求。

十、亚硫酸盐的测定（碘量法）

1. 概要

在酸性溶液中，碘酸钾和碘化钾作用后析出的游离碘，将水中的亚硫酸盐氧化成为硫酸盐，过量的碘与淀粉作用呈现蓝色即为终点。其反应为：

$$KIO_3+5KI+6HCl \rightarrow 6KCl+3I_2+3H_2O \tag{2-32}$$

$$SO_3^{2-}+I_2+H_2O \rightarrow SO_4^{2-}+2HI \tag{2-33}$$

此法适用于亚硫酸盐浓度大于 1mg/L 的水样。

2. 试剂及配制

1）碘酸钾-碘化钾标准溶液（1mL 相当于 1mg 亚硫酸根）：依次精确称取优级纯碘酸钾（KIO_3）0.8918g、碘化钾 7g、碳酸氢钠 0.5g，用二级水溶解后移入 1000mL 容量瓶中并稀释至刻度。

2）淀粉指示液（10g/L）：配制方法见 GB/T 603。

3）盐酸溶液（1+1）。

3. 测定方法

1）取 100mL 水样注于锥形瓶中，加 1mL 淀粉指示剂和 1mL 盐酸溶液（1+1）。

2）摇匀后，用碘酸钾-碘化钾标准溶液滴定至微蓝色，即为终点。记录消耗碘酸钾-碘化钾标准溶液的体积（V_1）。

3）在测定水样的同时，进行空白试验，做空白试验时记录消耗碘酸钾-碘化钾标准溶液的体积（V_2）。水样中亚硫酸盐浓度为

$$c(SO_3^{2-}) = \frac{(V_1-V_2) \times 1.0\text{mg/mL}}{V_S} \times 1000 \tag{2-34}$$

式中　$c(SO_3^{2-})$——亚硫酸盐的浓度（mg/L）；

V_1——水样消耗碘酸钾-碘化钾标准溶液的体积（mL）；

V_2——空白消耗碘酸钾-碘化钾标准溶液的体积（mL）；

1.0——碘酸钾-碘化钾标准溶液滴定度，1mL 相当于 1.0mg SO_3^{2-}；

V_S——水样的体积（mL）。

4. 注意事项

1）在取样和进行滴定时均应迅速，以减少亚硫酸盐被空气氧化。

2）水样温度不可过高，以免影响淀粉指示剂的灵敏度而使结果偏高。

3）为了保证水样不受污染，取样瓶、烧杯等玻璃器皿，使用前均应用盐酸溶液（1+1）煮洗。

十一、溶解氧的测定（氧电极法）

1. 概要

溶解氧测定仪的氧敏感薄膜电极由两个与电解质相接触的金属电极（阴极/阳极）及选择性薄膜组成。选择性薄膜只能透过氧气和其他气体，水和可溶解性物质不能透过。当水样流过允许氧透过的选择性薄膜时，水样中的氧将透过薄膜扩散，其扩散速率取决于通过选择性薄膜的氧分子浓度和温度梯度。透过膜的氧气在

阴极上还原，产生微弱的电流，在一定温度下其大小和水样溶解氧浓度成正比。

在阴极上的反应是氧被还原成氢氧化物：

$$O_2+2H_2O+4e\rightarrow 4OH^-\tag{2-35}$$

在阳极上的反应是金属阳极被氧化成金属离子：

$$Me\rightarrow Me^{2+}+2e\tag{2-36}$$

2. 仪器

（1）溶解氧测定仪　溶解氧测定仪一般分为原电池式和极谱式（外加电压）两种类型，根据其测量范围和精确度的不同，又有多种型号。测定时应当根据被测水样中的溶解氧浓度和测量要求，选择合适的仪器型号。测定一般水样和测定溶解氧浓度≤0.1mg/L的工业锅炉给水时，可选用不同量程的常规溶解氧测定仪；当测定溶解氧浓度≤20μg/L的水样时，应当选用高灵敏度溶解氧测定仪。

（2）温度计　温度计精确至0.5℃。

3. 试剂

1）亚硫酸钠。

2）二价钴盐（$CoCl_2 \cdot H_2O$）。

4. 测定方法

（1）仪器的校正

1）按仪器使用说明书装配电极和测量池。

2）按仪器说明书进行调节和温度补偿。

3）零点校正：将电极浸入新配置的每升含100g亚硫酸钠和100mg二价钴盐的二级水中，进行校零。

4）校准：按仪器说明书进行校准。一般溶解氧测定仪可在空气中校准。

（2）水样测定

1）调整被测水样温度为5～40℃，水样流速在100mL/min左右，水样压力小于0.4MPa。

2）将测量池与被测水样的取样管用乳胶管或橡胶管连接好，测量水温，进行温度补偿。

3）根据被测水样溶解氧的浓度，选择合适的测定量程，启动测量开关进行测定。

5. 注意事项

1）原电池式溶解氧测定仪接触氧可自发进行反应，因此不测定时，电极应保存在每升含100g亚硫酸钠和100mg二价钴盐的二级水中并使其短路，以免消耗电极材料，影响测定。极谱式溶解氧测定仪不使用时，应当用加有适量二级水的保护套保护电极，防止电极薄膜干燥及电极内的电解质溶液蒸发。

2）电极薄膜表面要保持清洁，不要触碰器皿壁，也不要用手触摸。

3）当仪器难以调节至校正值，或者仪器响应慢、数值显示不稳定时，应当及时更换电极中的电解质和电极薄膜（原电池式仪器需更换电池）。电极薄膜在更换后和使用中应当始终保持表面平整，没有气泡，否则需要重新更换安装。

4）更换电解质和电极薄膜后，或者氧敏感薄膜电极干燥时，应将电极浸入二级水中，使电极薄膜表面湿润，待读数稳定后再进行校准。

5）如果水样中含有藻类、硫化物、碳酸盐等物质，长期与电极接触可能使电极薄膜表面污染或损坏。

6）溶解氧测定仪应当定期进行计量校验。

十二、油含量的测定

水中油含量的测定可按照 GB/T 12152《锅炉用水和冷却水中油含量的测定》进行测定。测定方法分为红外光度法和紫外分光光度法，其中红外光度法适用于锅炉给水、生产返回水及化工设备冷却水中油浓度为 0.1~100mg/L 的测定，也适用于其他水样中油浓度的测定；紫外分光光度法适用于火力发电厂锅炉给水、生产返回水及化工设备冷却水中油浓度为 0.1~4.0mg/L 的测定。具体测定方法和操作步骤见标准规定和仪器使用说明书。

第三节 常用标准溶液的配制与标定

一、一般规定

1）配制溶液的溶剂，在没有注明其他要求时，均为二级水（蒸馏水或离子交换纯水），其纯度必须满足试剂分析的要求。

2）配制标准溶液时，所使用的分析天平砝码、滴管、容量瓶及移液管均需校正。

3）配制的试剂根据不同的要求，储于不同颜色规格的试剂瓶中。必须贴上标签，注明试剂的名称、浓度、配制日期及配制人。

4）标准溶液应定期标定与校正，所用的基准溶液放置时间一般不得超过两个月。

5）标准溶液的标定一般应作二人八平行（每人四平行），且每人四平行标定结果相对极差不大于 0.15%、二人八平行标定结果相对极差不大于 0.18%，才能取平均值计算标准溶液的准确浓度。

二、酸、碱标准溶液的配制与标定

（一）试剂

1）浓硫酸（密度 1.84g/cm³）。

2）氢氧化钠饱和溶液，取上层澄清液使用。

3）邻苯二甲酸氢钾（基准试剂）。

4）无水碳酸钠（基准试剂）。

5）1%酚酞指示剂（以乙醇为溶剂）。

6）甲基红-亚甲基蓝指示剂，配制方法见本章第二节碱度测定。

（二）标准溶液配制方法

1. $c(1/2H_2SO_4) = 0.1mol/L$ 硫酸标准溶液的配制与标定

（1）配制　量取 3mL 浓硫酸（密度 1.84g/cm³）缓缓注入 1000mL 二级水中，冷却、摇匀。

（2）标定（有两种方法）

方法一：称取 0.2g 于 270~300℃灼烧至恒重（精确到 0.0002g）的基准无水碳酸钠，溶于 50mL 水中，加 2 滴甲基红-亚甲基蓝指示剂，用待标定的硫酸标准溶液滴定至溶液由绿色变紫色，然后煮沸 2~3min，冷却后继续滴定至紫色。同时应做空白试验。

硫酸标准溶液的摩尔浓度为

$$c(1/2H_2SO_4) = \frac{m \times 1000}{(V_1 - V_0) \times 52.99g/mol} \tag{2-37}$$

式中　$c(1/2H_2SO_4)$——硫酸标准溶液的浓度（mol/L）；

m——碳酸钠基准物质的质量（g）；

V_1——滴定碳酸钠时消耗硫酸标准溶液的体积（mL）；

V_0——空白试验消耗硫酸标准溶液的体积（mL）；

$52.99g/mol$——$1/2Na_2CO_3$ 的摩尔质量。

方法二：量取 20.00mL 待标定的硫酸标准溶液，加 60mL 不含二氧化碳的二级水，加 2 滴 1%酚酞指示剂，用 $c(NaOH) = 0.1mol/L$ 氢氧化钠标准溶液滴定，至溶液呈微粉红色且稳定不褪色。

硫酸标准溶液的摩尔浓度为

$$c(1/2H_2SO_4) = \frac{V_1 c(NaOH)}{V} \tag{2-38}$$

式中　$c(1/2H_2SO_4)$——硫酸标准溶液的浓度（mol/L）；

V_1——消耗氢氧化钠标准溶液的体积（mL）；

$c(NaOH)$——氢氧化钠标准溶液的浓度（mol/L）；

V——硫酸标准溶液的体积（mL）。

2. $c(1/2H_2SO_4) = 0.0500mol/L$、$c(1/2H_2SO_4) = 0.0100mol/L$ 硫酸标准溶液的配制

1）配制 $c(1/2H_2SO_4) = 0.0500mol/L$ 硫酸标准溶液，由 $c(1/2H_2SO_4) = 0.1000mol/L$ 硫酸标准溶液准确稀释至 2 倍体积制得，其浓度由计算得出，不必再标定。

2）配制 $c(1/2H_2SO_4) = 0.0100mol/L$ 硫酸标准溶液，由 $c(1/2H_2SO_4) = 0.1000mol/L$ 硫酸标准溶液准确稀释至 10 倍体积制得，其浓度由计算得出，不必再标定。

3. $c(NaOH) = 0.1mol/L$ 氢氧化钠标准溶液的配制与标定

碱标准溶液放置时间不宜过长，最好每周标定一次。如果发现已吸入二氧化碳时，应重新配制。检查有无二氧化碳进入碱标准溶液，可取一支清洁试管，加入其 1/5 体积的 $c(BaCl_2) = 0.25mol/L$ 氯化钡溶液，加热至沸腾。将碱液注入其上部，盖上塞子，摇匀，待 10min 后观察，若溶液浑浊或有沉淀物，说明碱液中已进入二氧化碳。二氧化碳吸收管中的苏打石灰应定期更换。

（1）配制　取 5mL 氢氧化钠饱和溶液，注入 1000mL 不含二氧化碳的二级水中，摇匀备用。

（2）标定（有两种方法）

方法一：称取 0.6g 于 105～110℃ 烘干至恒重（精确到 0.0002g）的基准邻苯二甲酸氢钾，溶于 50mL 不含二氧化碳的二级水中，加 2 滴 1% 酚酞指示剂，用待标定的氢氧化钠标准溶液滴定至溶液呈粉红色，并与标准色相同，同时做空白试验（标准色的配制：量取 80mL pH = 8.5 的缓冲溶液，加 2 滴 1% 酚酞指示剂，摇匀）。

氢氧化钠标准溶液的浓度为

$$c(NaOH) = \frac{m \times 1000}{(V_1 - V_0)M} \tag{2-39}$$

式中　$c(NaOH)$——氢氧化钠标准溶液的浓度（mol/L）；

　　　　V_1——滴定邻苯二甲酸氢钾消耗氢氧化钠溶液的体积（mL）；

　　　　V_0——空白试验消耗氢氧化钠溶液的体积（mL）；

　　　　m——邻苯二甲酸氢钾的质量（g）；

　　　　M——邻苯二甲酸氢钾（$KHC_8H_4O_4$）的摩尔质量（g/mol），$M = 204.2g/mol$。

方法二：准确量取 20.00mL $c(1/2H_2SO_4) = 0.1mol/L$ 硫酸标准溶液，加 60mL 不含二氧化碳的二级水，加 2 滴 1% 酚酞指示剂，用待标定的氢氧化钠标准溶液滴定，近终点时加热至 80℃ 继续滴定至溶液呈粉红色。

氢氧化钠标准溶液的浓度为

$$c(NaOH) = \frac{V_1 c(1/2H_2SO_4)}{V} \tag{2-40}$$

式中　$c(NaOH)$——氢氧化钠标准溶液的浓度（mol/L）；

　　　　V_1——硫酸标准溶液的体积（mL）；

　　$c(1/2H_2SO_4)$——硫酸标准溶液的浓度（mol/L）；

　　　　V——消耗氢氧化钠标准溶液的体积（mL）。

4. $c(\text{NaOH}) = 0.050\text{mol/L}$ **氢氧化钠标准溶液的配制**

由 $c(\text{NaOH}) = 0.100\text{mol/L}$ 氢氧化钠标准溶液准确稀释至 2 倍体积制得，其浓度由计算得出，不必再标定。

其他浓度的硫酸或氢氧化钠标准溶液，以及其他酸（如盐酸）、碱（如氢氧化钾）的标准溶液，参照上述方法配制和标定。

三、乙二胺四乙酸二钠标准溶液的配制与标定

（一）试剂及配制

1）乙二胺四乙酸二钠（1/2EDTA）。

2）氧化锌（基准试剂）。

3）盐酸溶液（1+1）。

4）10%氨水。

5）氨-氯化铵缓冲溶液（取 54g 氯化铵，溶于水，加 350mL 氨水，稀释至 1000mL）。

6）铬黑 T 指示剂（5g/L）（以乙醇为溶剂，配制方法见本章第二节硬度的测定）。

（二）标准溶液配制方法

1. $c(1/2\text{EDTA}) = 0.1\text{mol/L}$、$c(1/2\text{EDTA}) = 0.02\text{mol/L}$ **乙二胺四乙酸二钠标准溶液的配制与标定**

（1）配制

1）$c(1/2\text{EDTA}) = 0.1\text{mol/L}$ 乙二胺四乙酸二钠标准溶液：称取 20g 乙二胺四乙酸二钠溶于 1000mL 二级水中，摇匀。

2）$c(1/2\text{EDTA}) = 0.02\text{mol/L}$ 乙二胺四乙酸二钠标准溶液：称取 4g 乙二胺四乙酸二钠溶于 1000mL 二级水中，摇匀。

（2）标定　称取 800℃灼烧至恒重的基准氧化锌 2g（精确到 0.0002g），用少许水湿润，加盐酸溶液（1+1）使氧化锌溶解，移入 500mL 容量瓶中，稀释至刻度，摇匀。取其中 20.00mL，加 80mL 二级水，用 10%氨水中和至 pH = 7～8，加 10mL 氨-氯化铵缓冲溶液（pH≈10），加 5 滴铬黑 T（5g/L）指示剂，用待标定的乙二胺四乙酸二钠溶液滴定至溶液由紫色变为纯蓝色。

乙二胺四乙酸二钠标准溶液的浓度为

$$c(1/2\text{EDTA}) = \frac{m \times 1000}{VM} \times \frac{20\text{mL}}{500\text{mL}} \tag{2-41}$$

式中　$c(1/2\text{EDTA})$——标定的乙二胺四乙酸二钠标准溶液的浓度（mol/L）；

　　　　m——氧化锌的质量（g）；

　　　　M——1/2ZnO 的摩尔质量（g/mol），$M = 40.6897\text{g/mol}$；

　　　20mL/500mL——500mL 氧化锌溶液中取 20mL 滴定；

　　　　V——滴定时所消耗的 EDTA 标准溶液的体积（mL）。

2. $c(1/2\text{EDTA}) = 0.0100\text{mol/L}$、$c(1/2\text{EDTA}) = 0.0010\text{mol/L}$ 乙二胺四乙酸二钠标准溶液的配制

1）配制 $c(1/2\text{EDTA}) = 0.0100\text{mol/L}$ 标准溶液，由 $c(1/2\text{EDTA}) = 0.1000\text{mol/L}$ 标准溶液准确稀释至 10 倍体积制得，其浓度由计算得出，不必再标定。

2）配制 $c(1/2\text{EDTA}) = 0.0010\text{mol/L}$ 标准溶液，由 $c(1/2\text{EDTA}) = 0.1000\text{mol/L}$ 标准溶液准确稀释至 100 倍体积制得，其浓度由计算得出，不必再标定。

四、标准溶液浓度的调整及计算实例

有时配制的标准溶液没有达到要求的标准浓度，为了使用方便，需将溶液浓度进行调整。例如要求配制硫酸标准溶液的浓度为 $c(1/2\text{H}_2\text{SO}_4) = 0.1000\text{mol/L}$，其浓度经标定后，若不等于该浓度时，应根据使用要求，用加水（当 $c>c_标$ 时）或者加浓溶液（当 $c<c_标$ 时）的方法将浓度调整至要求的标准值。

（一）$c>c_标$ 时标准溶液浓度的调整

当所配制的标准溶液的浓度大于要求的标准浓度时，需添加二级水的体积为

$$\Delta V_水 = V\left(\frac{c}{c_标}-1\right) \tag{2-42}$$

式中　$\Delta V_水$——需添加的二级水体积（mL）；

V——需调整的标准溶液体积（mL），即所配制的体积减去标定用去的体积；

c——所配制的标准溶液标定后得出的浓度（mol/L）；

$c_标$——要求达到的标准溶液浓度（mol/L）。

（二）$c<c_标$ 时标准溶液浓度的调整

1）已配制的标准溶液浓度若小于要求的标准浓度时，需添加浓溶液的体积为

$$\Delta V_浓 = V\frac{c_标-c}{c_浓-c_标} \tag{2-43}$$

式中　$\Delta V_浓$——需添加浓溶液的体积（mL）；

$c_浓$——浓溶液的浓度（mol/L）。

其他符号同式（2-42）。

2）如果需添加的是固体物质（例如 EDTA），由于添加量较少，可忽略其对体积的影响，需添加的质量为

$$\Delta m = V(c_标-c)M/1000 \tag{2-44}$$

式中　Δm——需添加的所配制标准物质的质量（g）；

M——添加标准物质的摩尔质量（g/mol）。

其他符号同式（2-42）。

浓度调整后的标准溶液，还需按上述步骤标定其浓度，直至符合标准要求。

例 2-1　新配制 1000mL 氢氧化钠标准溶液，取其中 50mL 进行标定，结果测得该溶液的浓度为 0.1100mol/L，若要求调整该氢氧化钠标准溶液的浓度为 $c(NaOH) = 0.1000mol/L$，尚需加多少二级水进行调整？

解：需添加水的体积为

$$\Delta V_{水} = V\left(\frac{c}{c_{标}} - 1\right) = (1000mL - 50mL) \times \left(\frac{0.11mol/L}{0.1mol/L} - 1\right) = 95mL$$

答：需加 95mL 二级水进行调整。

例 2-2　新配制 2000mL 硫酸标准溶液，标定结果为 $c(1/2H_2SO_4) = 0.0940mol/L$，若要求调整该硫酸标准溶液的浓度为 $c(1/2H_2SO_4) = 0.1000mol/L$，如果标定时已用去该硫酸 80.00mL，应如何进行调整？已知浓硫酸的浓度为 $c(1/2H_2SO_4) = 36mol/L$。

解：需添加浓硫酸的体积为：

$$\Delta V_{浓} = V\frac{c_{标} - c}{c_{浓} - c_{标}} = (2000mL - 80mL) \times \frac{0.1mol/L - 0.094mol/L}{36mol/L - 0.1mol/L} = 0.32mL$$

答：需添加 0.32mL 浓硫酸进行调整。

例 2-3　称取经灼烧至恒重的氧化锌 1.000g，溶解后稀释至 250.00mL，然后移取其中 20.00mL 来标定新配制的 EDTA 标准溶液，结果消耗该 EDTA21.40mL。

求：① 1/2EDTA 浓度为多少？②若要求该标准溶液浓度达到 $c(1/2EDTA) = 0.1000mol/L$，该如何调整？已知 1/2EDTA 的摩尔质量为 186.12g/mol，配制 EDTA 溶液 2500mL，标定用去 100mL。

解：① 1/2EDTA 的浓度为

$$c(1/2EDTA) = \frac{m \times 1000}{V \times 40.6897g/mol} \times \frac{20mL}{250mL} = \frac{1g \times 1000}{21.40mL \times 40.6897g/mol} \times \frac{20mL}{250mL} = 0.0919mol/L$$

② 该浓度小于要求达到的标准浓度，需添加 EDTA 提高其浓度，需添加的 EDTA 质量为

$$\Delta m = V(c_{标} - c)M/1000$$

$$= (2500mL - 100mL) \times (0.1mol/L - 0.0919mol/L) \times$$

$$\frac{(2500mL - 100mL) \times (0.1mol/L - 0.0919mol/L) \times 186.12g/mol}{1000mL/L}$$

$$\approx 3.6182g$$

答：需添加乙二胺四乙酸二钠 3.6182 克。

五、硫代硫酸钠标准溶液的配制与标定

（一）试剂

1）分析纯硫代硫酸钠（$Na_2S_2O_3 \cdot 5H_2O$）。

2）重铬酸钾（基准试剂）。

3）$c(1/2I_2) = 0.1mol/L$ 碘标准溶液（配制方法见本节六）。

4）碘化钾。

5）$c(1/2H_2SO_4) = 4mol/L$ 硫酸溶液。

6）$c(HCl) = 0.1mol/L$ 盐酸溶液。

7）1%淀粉指示剂：在玛瑙研钵中将 10g 可溶性淀粉和 0.05g 碘化汞混合研磨，将此混合物储于干燥处。称取 1.0g 混合物置于研钵中，加少许二级水研磨成糊状物，将其徐徐注入 100mL 煮沸的二级水中，再继续煮沸 5~10min，过滤后使用。

（二）$c(Na_2S_2O_3) = 0.1mol/L$ 硫代硫酸钠标准溶液的配制与标定

（1）配制　称取 26g 含结晶水的硫代硫酸钠（或 16g 无水硫代硫酸钠），加 0.2g 无水碳酸钠，溶于 1000mL 已煮沸并冷却的二级水中，将溶液保存于具有磨口塞的棕色瓶中，放置 2 周后用 4 号玻璃滤锅过滤，然后进行标定。

（2）标定　有两种标定方法：一是以重铬酸钾为基准试剂进行标定，二是用 $c(1/2I_2) = 0.1mol/L$ 碘标准溶液进行标定。

1）用重铬酸钾基准物进行标定：称取于 120℃烘干至恒重的基准重铬酸钾 0.18g（精确到 0.0002g），置于碘量瓶中，加入 25mL 二级水溶解，加 2g 碘化钾及 20mL $c(1/2H_2SO_4) = 4mol/L$ 硫酸溶液，盖上瓶塞摇匀，待碘化钾溶解后于暗处放置 10min，加 150mL 二级水，摇匀后用待标定的硫代硫酸钠标准溶液滴定，临近终点时，加入 1mL1%淀粉指示剂，继续滴定至溶液由蓝色转变成亮绿色，同时做空白试验。

硫代硫酸钠标准溶液的浓度为

$$c(Na_2S_2O_3) = \frac{m \times 1000}{(V_1 - V_0)M} \qquad (2\text{-}45)$$

式中　$c(Na_2S_2O_3)$——硫代硫酸钠标准溶液浓度（mol/L）；

$\qquad\qquad m$——重铬酸钾质量（g）；

$\qquad\qquad V_1$——标定时消耗硫代硫酸钠标准溶液的体积（mL）；

$\qquad\qquad V_0$——空白试验时消耗硫代硫酸钠标准溶液的体积（mL）；

$\qquad\qquad M$——1/6$K_2Cr_2O_7$ 的摩尔质量（g/mol），$M = 49.03g/mol$。

2）用 $c(1/2I_2) = 0.1mol/L$ 碘标准溶液标定：准确量取 20.00mL $c(1/2I_2) = 0.1mol/L$ 碘标准溶液，注入碘量瓶中，加 150mL 二级水，加 5mL 盐酸溶液 $[c(HCl) = 0.1mol/L]$，用待标定的硫代硫酸钠标准溶液滴定，临近终点时，加入 2mL1%淀粉指示剂，继续滴定至溶液蓝色消失。

同时做空白试验：取 150mL 二级水，加 0.05mL 碘标准溶液，1mL1%淀粉指示剂，用待标定的硫代硫酸钠标准溶液滴定至蓝色消失。

硫代硫酸钠标准溶液的浓度为

$$c(Na_2S_2O_3) = \frac{(V - 0.05mL)c(1/2I_2)}{V_1 - V_0} \qquad (2\text{-}46)$$

式中　$c(\mathrm{Na_2S_2O_3})$——硫代硫酸钠标准溶液浓度（mol/L）；

　　　　　　V——碘标准溶液的体积（mL）；

　　0.05mL——空白试验加入碘标准溶液的体积；

　　$c(1/2\mathrm{I_2})$——碘标准溶液的浓度（mol/L）；

　　　　　V_1——滴定时消耗硫代硫酸钠溶液的体积（mL）；

　　　　　V_0——空白试验消耗硫代硫酸钠溶液的体积（mL）。

（三）$c(\mathrm{Na_2S_2O_3})=0.01\mathrm{mol/L}$ 硫代硫酸钠标准溶液的配制

取 $c(\mathrm{Na_2S_2O_3})=0.1000\mathrm{mol/L}$ 硫代硫酸钠标准溶液，用煮沸冷却的二级水准确稀释 10 倍体积配成。其浓度由计算得出，不需要标定。此溶液甚不稳定，宜使用时配制。

六、碘标准溶液的配制与标定

（一）试剂

1）碘（固体）。

2）碘化钾（固体）。

3）$c(\mathrm{Na_2S_2O_3})=0.1000\mathrm{mol/L}$ 硫代硫酸钠标准溶液，配制方法见本节五。

4）1%淀粉指示剂，配制方法见本节五。

（二）$c(1/2\mathrm{I_2})=0.1\mathrm{mol/L}$ 碘标准溶液配制与标定

（1）配制　称取 13g 碘及 35g 碘化钾，溶于 100mL 二级水中，置于棕色瓶中放置 2 天，待全部溶解后，用二级水稀释至 1000mL，摇匀，此溶液保存于具有磨口塞的棕色瓶中。

注意： 储存碘标准溶液的试剂瓶塞应严密。

（2）标定　用 $c(\mathrm{Na_2S_2O_3})=0.1000\mathrm{mol/L}$ 硫代硫酸钠标准溶液标定。标定方法按照上述用 $c(1/2\mathrm{I_2})=0.1\mathrm{mol/L}$ 碘标准溶液标定硫代硫酸钠溶液的方法进行。其浓度至少每 2 个月标定一次。碘标准溶液的浓度为

$$c(1/2\mathrm{I_2})=\frac{c(\mathrm{Na_2S_2O_3})(V_1-V_0)}{V-0.05\mathrm{mL}} \tag{2-47}$$

式中　$c(1/2\mathrm{I_2})$——碘标准溶液的浓度（mol/L）；

　$c(\mathrm{Na_2S_2O_3})$——硫代硫酸钠标准溶液的浓度（mol/L）；

　　　　　V_1——标定时消耗硫代硫酸钠标准溶液的体积（mL）；

　　　　　V_0——空白试验时消耗硫代硫酸钠标准溶液的体积（mL）；

　　　　　V——碘标准溶液体积（mL）；

　　0.05mL——空白试验加入碘标准溶液的体积。

（三）$c(1/2\mathrm{I_2})=0.01\mathrm{mol/L}$ 碘标准溶液的配制

可用 0.1000mol/L($1/2\mathrm{I_2}$) 碘标准溶液，加二级水准确稀释 10 倍体积配成，其浓度由计算得出，不需要标定。该浓度的碘标准溶液，其浓度容易发生变化，应

在使用时配制。

七、高锰酸钾标准溶液的配制与标定

（一）试剂

1) 高锰酸钾。

2) 草酸钠（基准试剂）。

3) 碘化钾（分析纯）。

4) 浓硫酸（密度 $1.84g/cm^3$）。

5) $c(1/2H_2SO_4) = 4mol/L$ 硫酸溶液。

6) $c(Na_2S_2O_3) = 0.1mol/L$ 硫代硫酸钠标准溶液，配制方法见本节五。

7) 1%淀粉指示剂，配制方法见本节五。

（二）$c(1/5KMnO_4) = 0.100mol/L$ 高锰酸钾标准溶液的配制与标定

1. 配制

称取 3.3g 高锰酸钾溶于 1050mL 二级水中，缓慢煮沸 15~20min，冷却后于暗处密闭保存两周。以 G_4 玻璃过滤器过滤，滤液保存于具有磨口塞的棕色瓶中。

注意： $c(1/5KMnO_4) = 0.1mol/L$ 高锰酸钾标准溶液的浓度需定期进行标定。高锰酸钾标准溶液不得与有机物接触，以免促使浓度发生变化。

2. 标定

标定的方法有两种：一是用草酸钠（$Na_2C_2O_4$）作基准物进行标定；二是用 $c(Na_2S_2O_3) = 0.100mol/L$ 硫代硫酸钠标准溶液进行标定。

（1）用草酸钠作基准物进行标定 称取于 105~110℃ 烘至恒重的基准草酸钠 0.1340g，溶于 92mL 二级水中，加 8mL 浓硫酸，用 50mL 滴定管，用待标定的高锰酸钾标准溶液滴定，近终点时，加热至 65℃，继续滴定至溶液所呈粉红色保持 30s，同时做空白试验校正结果。

高锰酸钾标准溶液的浓度为

$$c(1/5KMnO_4) = \frac{m \times 1000}{(V_1 - V_0)M} \tag{2-48}$$

式中 $c(1/5KMnO_4)$——高锰酸钾标准溶液的浓度（mol/L）；

m——草酸钠基准物的质量（g）；

V_1——标定时消耗高锰酸钾溶液的体积（mL）；

V_0——空白试验时消耗高锰酸钾溶液的体积（mL）；

M——$1/2Na_2C_2O_4$ 的摩尔质量（g/mol），$M = 67.0g/mol$。

（2）用 $c(Na_2S_2O_3) = 0.1mol/L$ 硫代硫酸钠标准溶液标定 准确量取 20.00mL 待标定的高锰酸钾溶液，加 2g 碘化钾及 20mL 浓度 $c(1/2H_2SO_4) = 4mol/L$ 的硫酸，盖上瓶塞摇匀，于暗处放置 5min。加 150mL 二级水，再用 $c(Na_2S_2O_3) = 0.1mol/L$ 硫代硫酸钠标准溶液滴定，滴到溶液呈淡黄色时，加 1mL1%淀粉指示剂，继续滴定至溶液蓝色消失，同时做空白试验。

高锰酸钾标准溶液的浓度为

$$c(1/5KMnO_4) = \frac{c(Na_2S_2O_3)(V_1-V_0)}{V}$$

(2-49)

式中　V_1——标定时消耗硫代硫酸钠标准溶液的体积（mL）；

　　　V_0——空白试验时消耗硫代硫酸钠标准溶液的体积（mL）；

　　　V——高锰酸钾标准溶液的体积（mL）。

（三）$c(1/5KMnO_4) = 0.0100mol/L$ 高锰酸钾标准溶液的配制

可用 $c(1/5KMnO_4) = 0.1000mol/L$ 高锰酸钾标准溶液，加入煮沸后冷却的二级水准确稀释 10 倍体积配成，其浓度由计算得出，不需要标定。此浓度的高锰酸钾标准溶液，其浓度容易变化，故应在使用时配制。

第三章

电位滴定检测

第一节 概 述

电位分析法是电化学分析法的一个重要组成部分，包括直接电位法和电位滴定法。

一、直接电位法

直接电位法是通过测量工作电池电动势以测得物质含量或某种指标的分析方法。

工作电池是由两支性能不同的电极插入同一试液中构成，一支电极的电位随待测离子的活度变化而变化，称为指示电极，另一支电极的电位则不受试液组成变化的影响，具有恒定的数值，称为参比电极。

假设参比电极的电位高于指示电极的电位，则工作电池可简单表示为

$$M \mid M^{n+} \parallel 参比电极 \tag{3-1}$$

习惯上用"$\mid$"把溶液和固体分开，"$\parallel$"代表连接两个电极的盐桥。按照国际上公认的规则，把电极电位较高的正极写在电池的右边，电极电位较低的负极写在左边，在计算电池的电动势时，用正极的电极电位减去负极的电极电位，使电池的电动势为正值，于是上述电池的电动势为

$$E = E_{参比} - E_{M^{n+}/M} = E_{参比} - E^{\Theta}_{M^{n+}/M} - \frac{RT}{nF} \ln a_{M^{n+}} \tag{3-2}$$

式中 $E_{参比}$ 和 $E^{\Theta}_{M^{n+}/M}$ 在温度一定时都是常数。只要测出工作电池电动势，就可求得金属离子 M^{n+} 的活度 $a_{M^{n+}}$。

二、电位滴定法

电位滴定法是一种用电位确定终点的滴定方法。进行电位滴定时，在待测液中插入一个指示电极和一个参比电极组成工作电池，随着滴定剂的不断加入，由于发

生化学反应，待测离子浓度会不断发生变化，指示电极电位也发生相应的变化，而在化学计量点附近发生突跃，因此测量电池电动势的变化，就可以确定滴定终点。

由于电位滴定法只需观测滴定过程中电位的变化情况，而不须知道终点电位的绝对值，因此与直接电位法相比，受电极性质、液接电位和活度系数等的影响要小得多，测定的精密度、准确度均比直接电位法高，与滴定分析相当。

另外，由于电位滴定法不用指示剂确定终点，因此它不受溶液颜色、浑浊等限制，特别是在无合适指示剂的情况下，可以很方便地采用电位滴定法。

但电位滴定法与普通的滴定法、直接电位法相比，检测滴定时间较长。如能使用自动电位滴定仪，由计算机处理数据，则可达到简便、快速的目的。

三、自动电位滴定法

由人工操作来获得一条完整的滴定曲线及精确地确定终点等工作是很烦琐而费时的。如果采用自动电位滴定仪就可以解决上述问题，尤其对批量试样的检测更能显示其优越性。

目前使用的滴定仪主要有两种类型：一种是滴定至预定终点电位时，滴定自动停止；另一种是以一定的速度加入滴定剂，同时仪器绘制完整的滴定曲线，以所得曲线确定终点（突跃点）时滴定剂的体积。两种滴定仪原理如图 3-1 和图 3-2 所示。

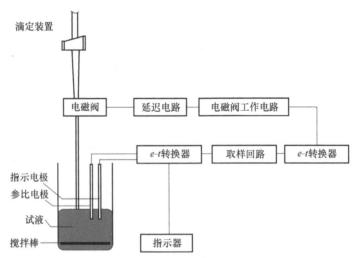

图 3-1 自动电位滴定仪原理

自动控制终点型仪器需事先输入终点信号值（如 pH 或 mV），当滴定到达终点后 10s 时间内电位不发生变化，则延迟电路就自动关闭电磁阀电源，不再有滴定剂滴入。使用这些仪器实现了滴定操作连续自动化，而且提高了分析的准确度。

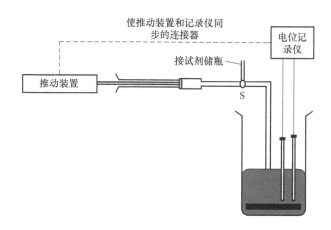

图 3-2　曲线记录滴定仪原理

四、电位滴定终点确定方法

电位滴定法基于能斯特方程，基本原理：在滴定容器内浸入一对适当的电极，在化学计量点附近可以观察到电位的突变（电位突跃），根据电极电位突跃可以确定到达终点。电位滴定装置如图 3-3 所示。通常采用以下三种方法来确定电位滴定终点。

（1）E-V 曲线法　用加入滴定剂的体积（V）作横坐标，电动势读数（E）作纵坐标，绘制 E-V 曲线，如图 3-4 所示，曲线上的转折点即为化学计量点。该方法简单，但是准确性稍差。

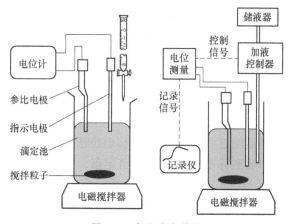

图 3-3　电位滴定装置

（2）$(\Delta E/\Delta V)$-V 曲线法　$\Delta E/\Delta V$ 为 E 的变化值与相对应的加入滴定剂体积的增量的比。曲线上存在着极值点，该点对应着 E-V 曲线中的拐点。以加入滴定剂的体积（V）为横坐标，以 $\Delta E/\Delta V$ 为纵坐标，画出滴定曲线，如图 3-5 所示。曲线的最高点即为滴定终点。由最高点引横坐标轴的垂线，其交点就是消耗滴定剂的体积。

（3）二阶微商法　二阶微商法又称二阶微分滴定曲线法，如图 3-6 所示。一阶微商曲线的极大点是滴定终点，即 $\Delta^2 E/\Delta V^2 = 0$ 的点为滴定终点。用后点数据减前点数据的方法逐点计算二阶微商。

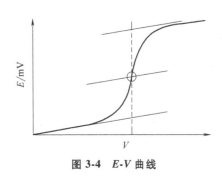

图 3-4　*E-V* 曲线

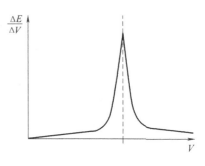

图 3-5　（Δ*E*/Δ*V*）-*V* 曲线

$$\frac{\Delta^2 E}{\Delta V^2} = \frac{\left(\dfrac{\Delta E}{\Delta V}\right)_2 - \left(\dfrac{\Delta E}{\Delta V}\right)_1}{V_2 - V_1} \tag{3-3}$$

五、电位滴定法集成检测

本方法以电导法、直接电位法和电位滴定法为原理，将多功能自动电位滴定仪的电极架上所装电导电极、pH 复合电极、银电极和钙离子选择性电极同时插入待测样品中，进行电导率、pH、酚酞碱度、总碱度、氯离子浓度和硬度等项目的连续测定，与自动进样器联用可进行多个水样自动连续测定。

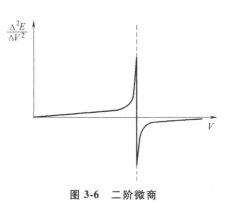

图 3-6　二阶微商

连续测定中，pH 采用直接电位法测定；电导率采用电导率模块测定；碱度的测定以硫酸标准滴定溶液为滴定剂，采用预设终点滴定方法，用 pH 复合电极测量，以 pH = 8.3 为酚酞碱度的滴定终点、pH = 4.4 为总碱度的滴定终点；氯化物含量的测定以硝酸银标准滴定溶液为滴定剂，用银电极测量，采用等当点滴定方法识别化学计量点。若继续测定硬度，则自动在水样中加入适量 pH = 10 的缓冲溶液，以乙二胺四乙酸二钠标准滴定溶液为滴定剂，用钙离子选择性电极测量，采用等当点滴定方法识别化学计量点。

第二节　国内外研究概况

一、国外研究概况

近年来随着科学和生产技术的飞速发展，对实验室分析测试的要求无论在样品数量、分析周期、检测项目和数据准确性等方面都提出了更高的要求，原来的手工测定、人工管理模式已显得不太适应。国际上不少实验室已开始朝自动化、网络化的现代化管理方向发展。目前国际上应用最为广泛的就是实验室信息管理系统（laboratory informatization management system，LIMS），这是一项集现代化管理思想与计算机技术为一体，应用于各行业实验室管理和控制的崭新技术。然而要实施LIMS，重要条件之一是检测仪器应可通过计算机控制，检测数据便于网络传输。电位滴定法具有灵敏度和准确度高的优点，配置有自动进样器和计算机软件的多功能自动电位滴定仪不仅可实现自动化和连续测定，而且方便实现LIMS管理。

目前国际品牌仪器生产商诸如梅特勒、瑞士万通等公司开发的多功能自动电位滴定仪已经在各行业实验室得到广泛应用，但大多数工业水质检测项目采用单项指标分别测定。其他仪器，如ICP光谱仪虽然可进行多元素连续测定，但不适合锅炉水质的指标测定。

二、国内研究概况

目前国内已经有不少大型企业的实验室采用了LIMS，实现了化验分析和产品检测的网络自动化管理。一些特种设备检验机构仍采用手动滴定的方法检测工业锅炉水质的碱度、硬度以及氯离子浓度等指标，检测手段基本上还停留在传统的相对落后的检测方法上。2008年深圳市特种设备安全检验研究院（以下简称深圳特检院）首创开展"工业锅炉水中pH-碱度-氯化物连续测定"的研究，验证了锅炉水中pH、碱度、氯化物在同一台电位滴定仪上实现连续测定的可行性，并获得国家发明专利（专利号：ZL201210044088.8）。之后又有多个检验机构与仪器供应商（瑞士万通中国有限公司、梅特勒-托利多有限公司）合作，将连续测定的项目进一步拓展为：电导率、pH、酚酞碱度、全碱度、氯化物浓度和硬度。但该检测方法在当时没有完全适用的标准依据，仪器的正确设置及其对测定精密度（准确性）影响和干扰因素的避免等有待全面、深入研究。

2013年宁波市特种设备检验研究院根据前期的基础研究和检测应用，向全国化学标准化委员会水处理剂分会申报《锅炉用水和冷却水水质自动连续测定 电位滴定法》国家标准，同时组织多家单位进行相关科研项目的试验研究，为标准制订提供了可靠的科学依据和技术支撑。

第三节 标准溶液的标定（自动电位滴定法）

一、硫酸标准溶液的标定

（一）标定方法

1. 标定步骤

称取1.6g（准确至0.2mg）经270～300℃灼烧至恒量的工作基准试剂无水碳

酸钠，加新煮沸后冷却的无二氧化碳水溶解，移入 250mL 容量瓶中，稀释至刻度，摇匀后作为基准溶液（此基准溶液应现用现配）。

分别向四个滴定杯中各移取 15.00mL 碳酸钠基准溶液，并各加入 80mL 水，然后放置于进样器相应位置上，按仪器标准溶液标定程序（详见第六章）进行测定，以第二个突跃点（pH≈4.4）为滴定终点。

2. 结果计算

硫酸标准滴定溶液的浓度 $c(1/2H_2SO_4)$ 按式（3-4）计算，单位为 mol/L。

$$c(1/2H_2SO_4)=\frac{m(V_1/V_2)}{VM\times10^{-3}} \tag{3-4}$$

式中　m——无水碳酸钠的质量（g）；

V_1——标定时所取碳酸钠基准溶液的体积（mL），$V_1=15$mL；

V_2——碳酸钠基准溶液的总体积（mL），$V_2=250$mL；

V——滴定至 pH≈4.4 突跃点时消耗硫酸标准滴定溶液的体积（mL）；

M——无水碳酸钠（$1/2Na_2CO_3$）的摩尔质量（g/mol），$M=52.99$g/mol。

（二）硫酸标准溶液标定试验

人工标定硫酸标准溶液通常采用基准碳酸钠，以溴甲酚绿-甲基红为指示剂，接近滴定终点时需加热驱赶 CO_2，指示剂变色时 pH≈5.0。自动电位滴定仪标定硫酸时，无法加热驱赶 CO_2，但碳酸钠基准物滴定至第二个突跃点为化学计量点时，pH 约 4.2~4.5，CO_2 已基本释放完全；或者采用基准三羟甲基氨基甲烷进行标定，不存在驱赶 CO_2 的问题，突跃点时的 pH 约 5.1~5.2。分别采用碳酸钠、三羟甲基氨基甲烷基准物进行自动电位滴定法的标定试验，并与人工标定进行比较，试验结果见表 3-1。

表 3-1　硫酸标准溶液的标定试验结果

项目		自动电位滴定法标定				人工标定
		碳酸钠		三羟甲基氨基甲烷		碳酸钠
		$c(1/2H_2SO_4)/$（mol/L）	突跃点时 pH	$c(1/2H_2SO_4)/$（mol/L）	突跃点时 pH	$c(1/2H_2SO_4)/$（mol/L）
第一组四平行标定	1-1	0.1180	4.20	0.1180	5.16	0.1180
	1-2	0.1176	4.21	0.1180	5.15	0.1182
	1-3	0.1178	4.19	0.1183	5.15	0.1177
	1-4	0.1178	4.21	0.1182	5.14	0.1182
	平均值	0.1178	—	0.1181	—	0.1180
	相对标准偏差 RSD（%）	0.16	—	0.11	—	0.16
	相对极差（%）	0.34	—	0.25	—	0.42

（续）

项目		自动电位滴定法标定				人工标定
		碳酸钠		三羟甲基氨基甲烷		碳酸钠
		$c(1/2H_2SO_4)/$ （mol/L）	突跃点时 pH	$c(1/2H_2SO_4)/$ （mol/L）	突跃点时 pH	$c(1/2H_2SO_4)/$ （mol/L）
第二组四平行标定	2-1	0.1181	4.44	0.1181	5.19	0.1178
	2-2	0.1180	4.44	0.1181	5.18	0.1185
	2-3	0.1182	4.45	0.1182	5.17	0.1187
	2-4	0.1179	4.41	0.1185	5.18	0.1187
	平均值	0.1180	—	0.1182	—	0.1184
	相对标准偏差 RSD（%）	0.14	—	0.15	—	0.44
	相对极差（%）	0.25	—	0.34	—	0.76

注：1. 编号 1-1～1-4 与编号 2-1～2-4 为电位滴定法采用两个电极分别进行四平行标定，人工分别进行两人各四平行标定。

2. 标定时，基准物质用新煮沸冷却的水溶解，人工标定减空白 0.1mL，自动电位滴定未做空白试验。

标定结果：用碳酸钠作基准物，滴定过程中有两个突跃点，如图 3-7a 所示，第一个突跃点 pH = 8.20～8.30，极少数 pH = 8.30～8.40，此时碳酸钠与酸的反应尚不完全；第二个突跃点 pH = 4.2～4.5，以此为化学计量点，即使未驱赶 CO_2，标定结果也与人工标定结果很接近。用三羟甲基氨基甲烷作基准物，突跃点明显，且只有一个突跃，如图 3-7b 所示，标定结果与用碳酸钠作基准物，以及采用人工标定都很接近。试验表明：碳酸钠和三羟甲基氨基甲烷基准物都适用于仪器自动标定硫酸标准溶液，既提高工作效率，也能得到较好的精密度，又可在一定程度上抵消测定中的系统误差。因此建议标准溶液尽量采用仪器自动标定。

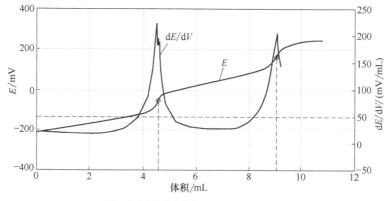

a) 用碳酸钠作基准物标定硫酸的滴定曲线

图 3-7　用不同的基准物标定硫酸的滴定曲线

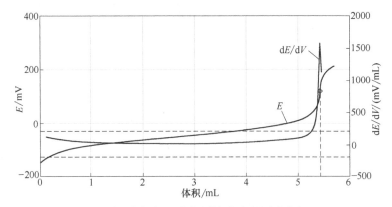

b) 用三羟甲基氨基甲烷作基准物标定硫酸的滴定曲线

图 3-7　用不同的基准物标定硫酸的滴定曲线（续）

二、硝酸银标准溶液的标定

（一）标定方法

1. 标定步骤

称取 1.8g（准确至 0.2mg）经 500~600℃灼烧至恒量的工作基准试剂氯化钠，加水溶解后移入 250mL 容量瓶中，稀释至刻度，摇匀后作为基准溶液。

分别向四个滴定杯中各移取 15.00mL 氯化钠基准溶液，并各加入 80mL 水，然后放置于进样器相应位置上，按仪器标准溶液的标定程序进行标定。

2. 结果计算

硝酸银标准滴定溶液的浓度 $c(AgNO_3)$ 按式（3-5）计算，单位为 mol/L。

$$c(AgNO_3) = \frac{m(V_1/V_2)}{VM \times 10^{-3}} \tag{3-5}$$

式中　m——氯化钠的质量（g）；

　　　V_1——标定时所取氯化钠基准溶液的体积（mL），$V_1 = 15$；

　　　V_2——氯化钠基准溶液的总体积（mL），$V_2 = 250$；

　　　V——滴定至突跃点时硝酸银标准滴定溶液消耗的体积（mL）；

　　　M——氯化钠的摩尔质量（g/mol），$M = 58.44$g/mol。

（二）硝酸银标准溶液标定试验

硝酸银标准溶液采用基准氯化钠进行标定，人工标定采用铬酸钾作指示剂，电位滴定以突跃点为化学计量点。两者标定试验的结果见表 3-2。标定结果表明，电位滴定的平行性比人工标定更好。

表 3-2　硝酸银标准溶液的标定试验结果

项目		自动电位滴定法标定	人工标定	备注
		$c(AgNO_3)/(mol/L)$		
第一组四平行标定	1-1	0.1002	0.0999	基准物用二级水溶解，人工标定减空白 0.1mL，自动电位滴定未减空白
	1-2	0.1003	0.0996	
	1-3	0.1002	0.0998	
	1-4	0.1001	0.0996	
	平均值	0.1002	0.0997	
	RSD(%)	0.08	0.11	
	相对极差(%)	0.2	0.3	
第二组四平行标定	2-1	0.1001	0.1002	两人操作共 8 平行标定结果
	2-2	0.1000	0.0995	
	2-3	0.1000	0.1000	
	2-4	0.1000	0.1002	
	平均值	0.1000	0.1000	
	RSD(%)	0.05	0.31	
	相对极差(%)	0.1	0.7	

三、EDTA 标准溶液的标定试验

（一）标定方法

1. 步骤

（1）称取 1.2g（准确至 0.2mg）经 800℃±50℃ 灼烧至恒量的工作基准试剂氧化锌，用少量水湿润，加 2~3mL 盐酸溶液（20%）溶解，加适量水稀释，移入 250mL 容量瓶中，稀释至刻度，摇匀后作为基准溶液。

（2）分别向四个滴定杯中各移取 15.00mL 氧化锌基准溶液，并各加入 80mL 水，用氨水溶液（10%）调节溶液 pH 至 7~8，再加 10mL 氨-氯化铵缓冲溶液（或者加 10mL 氨基乙醇缓冲溶液），使溶液 pH ≈ 10，然后放置于进样器相应位置上，按仪器标准溶液标定程序进行测定。

2. 结果计算

乙二胺四乙酸二钠标准滴定溶液的浓度 $c(EDTA)$ 按式（3-6）计算，单位为 mol/L。

$$c(EDTA) = \frac{m(V_1/V_2)}{VM \times 10^{-3}}$$ 　　　　　　（3-6）

式中　m——氧化锌的质量（g）；

　　　V_1——标定时所取氧化锌基准溶液的体积（mL），$V_1 = 15mL$；

V_2——氧化锌基准溶液的总体积（mL），$V_2 = 250mL$；

V——滴定至突跃点时乙二胺四乙酸二钠标准滴定溶液消耗的体积（mL）；

M——氧化锌的摩尔质量（g/mol），$M = 81.38g/mol$。

（二）标定试验

EDTA 标准溶液采用基准氧化锌进行标定，人工标定以铬黑 T 作指示剂，通常用氨-氯化铵为缓冲溶液。由于有专家提出氨可能对某些银电极产品有影响，建议多项目连续检测时硬度测定采用氨基乙醇缓冲溶液。因此分别用氨-氯化铵和氨基乙醇缓冲溶液进行自动电位滴定和人工标定的比对，结果见表 3-3。试验结果表明，采用氨基乙醇缓冲溶液时，标定结果的平行性要差些，而且试验中发现，氨基乙醇缓冲溶液的缓冲性不如氨-氯化铵缓冲溶液，如果加入量较少，易影响测定结果。因此标定时采用氨-氯化铵缓冲溶液为好。

表 3-3　EDTA 标准溶液的标定试验结果

项目	自动电位滴定法标定		人工标定
	氨-氯化铵缓冲液	氨基乙醇缓冲液	氨-氯化铵缓冲液
	$c(EDTA)/(mol/L)$		
1	0.0985	0.0974	0.0979
2	0.0985	0.0982	0.0978
3	0.0992	0.0972	0.0978
4	0.0985	0.0968	0.0979
平均值	0.0987	0.0974	0.0978
相对极差（%）	0.71	1.44	0.10

第四节　电极的校准和维护

一、pH 电极的校准和维护

1. 准备工作

1）补充电极填充液至填充孔下 1cm 左右处，在垂直方向轻轻晃动以消除内部气泡。测定时脱掉电极填充孔的橡胶帽，以平衡压力。

2）活化感应玻璃膜：将电极的玻璃膜浸入稀释十倍的电解液中，或将电极浸泡在二级试剂水中 5~20min 进行活化。

2. 电极的校准

1）pH 校准应至少每天进行一次。另外，在电极更换或再生处理后或者电极使用不正常时也应对电极进行校准。

2）校准时的搅拌速度应与测量、滴定时的速度一致。

3）准备 pH = 4.0、pH = 7（6.86）、pH = 10（9.18）标准缓冲溶液，进行三点校正。

4）电极的零点值约为 pH = 7。电极在 pH = 7 的缓冲溶液中测得的电位应为 −30~+30mV。在 pH = 4~9 范围内，温度为 25℃时的条件下，电极的斜率应为 −55~−59.2mV/pH。

3. 电极的维护

1）测定结束后，盖上电极填充孔的橡胶帽；将电极测量部位浸泡于填充液或保护液中，注意电极液络部位必须浸没在液面以下。

2）电极不能干放，否则会导致玻璃膜干涸，必须重新活化；电极液络部位内外如果有结晶，使用前应用水淋洗浸泡使之溶解。

二、电导电极的校准和维护

1. 准备工作

测量前将电极在二级试剂水中浸泡 5min，待用。

2. 电极的校准

按 GB/T 6908—2018 的规定，配置相应浓度的氯化钾标准溶液，或者采用市售电导率标准溶液，进行电导电极校准。

3. 电极的维护

1）电极使用后应用水冲洗干净。长时间不使用时，应在空气中保存（一般情况下潮湿保存可加快电极响应速度，但石墨电极不可长时间浸泡在水中）。

2）电导池内壁如果存在固体状污垢，可用一根蘸有洗涤剂的棉花棒仔细清除污垢，然后用水彻底清洗电极。

3）导线接头存放应避免潮湿和污染。

三、银电极的校准和维护

1. 准备工作

1）补充电极填充液至填充孔下 1cm 左右处，在垂直方向轻轻晃动以消除内部气泡。

2）测定时脱掉电极填充孔的橡胶帽，平衡压力。

2. 电极测试

1）使用浓度为 0.1mol/L 的硝酸银溶液测量电极的电位，测量值应为 250~350mV。

2）电极响应能力测试：设置电位滴定仪为连续测毫伏值状态，搅拌转速与滴定水样时相同；将电极浸入 0.1mol/L 的硝酸银溶液，从电极碰到溶液的瞬间开始计时，30s 后读取电位值；再过 30s，再读取电位值，两个电位值的差值不应超过 2mV。

3）采用浓度为 0.1mol/L 的硝酸银溶液测定氯离子浓度，滴定过程中至少应有 70mV 的电位变化，滴定终点的电位应当为 50~200mV。

3. 电极保存与维护

1）将电极保存在参比电解液中（电极内填充液），必须浸没陶瓷芯，并用橡胶帽盖紧填充孔。

2）不能让电极干涸，如果陶瓷芯上面和里面的硝酸钾有结晶，则必须要溶解除掉。

3）不能让样品溶液通过陶瓷芯进入参比电极，参比电解液的液面必须高于样品溶液的液面。

四、钙离子选择性电极的校准和维护

1. 准备工作

1）补充电极填充液至填充孔下 1cm 左右处，在垂直方向轻轻晃动以消除内部气泡。

2）测定时脱掉电极填充孔的橡胶帽，平衡压力。

3）长期不用的电极，测量前需将电极浸泡在 $c(Ca^{2+}) = 0.01mol/L$ 钙离子标准溶液中 1~2h，再用水清洗电极。

2. 电极的校准

1）连接电极和仪器，将仪器切换至 mV 模式。

2）将电极浸入盛有 100mL 水的滴定杯中，在搅拌下加入 1mL $c(Ca^{2+}) = 0.1mol/L$ 钙标准溶液，当读数稳定时，记录电位值（mV）。

3）再移取 10mL $c(Ca^{2+}) = 0.1mol/L$ 钙标准溶液于该滴定杯中，充分搅拌。当读数稳定时，记录电位值（mV）。在溶液温度为 20~25℃ 条件下，两个电位值的差值范围应当为 25~30mV。

3. 电极保存与维护

测定结束后盖上电极填充孔的橡胶帽，并按钙电极使用说明书的要求进行保存和维护。

第四章

电位滴定集成检测技术

第一节 概　　述

一、集成检测的意义

根据 GB/T 1576—2018《工业锅炉水质》，锅炉用水常规监测项目主要是 pH、硬度、碱度、氯化物浓度、电导率（溶解固形物浓度）等。根据《特种设备安全法》第四十四条规定："锅炉使用单位应当按照安全技术规范的要求进行锅炉水（介）质处理，并接受特种设备检验机构的定期检验"。我国工业锅炉数量众多，但多数使用单位不具备全面检测能力，通常由当地特种设备检验机构根据法规、安全技术规范和标准的要求定期进行水质抽样检测。手动测定工业锅炉水质的方法不仅效率较低，而且容易由于人为因素引起测量误差，且检验机构人手不足与检测任务多的矛盾日渐突出。随着现代分析仪器和计算机软件的开发应用，电化学分析方法中的多功能自动电位滴定仪以它的自动化程度高和分析结果精度好等优点，在各行业实验室多种检测中得到广泛应用，水质检测中的电导率、pH、硬度、碱度、氯化物等项目都可以通过仪器进行测定。仪器设备的改进和软件开发应用，为实现锅炉水质多项自动连续检测（简称集成检测）提供了技术条件。集成检测方法自动化程度高、人为误差少、检测数据可存储和溯源，并方便网络传输，可大幅度提高检测效率，缓解工作量大、人手少的矛盾，有利于将检测结果及时反馈给用户，及时指导水质的调节与控制，并使工业锅炉水质检测技术达到国际先进水平，促进对锅炉安全、节能运行的监管。另外，测定中无须加指示剂，用水量少，大幅度减少废液量，有利于节水降耗和环境保护。

锅炉水质集成检测有诸多优点，已经开始在多家检测机构中得到应用试验，并且制定了相关的国家标准，对自动连续测定时仪器参数设置、终点判断、电极清洗、干扰物影响等多方面因素做出规定，避免偏离正确的测定而得到错误的检测结果。GB/T 34322—2017《锅炉用水和冷却水水质自动连续测定　电位滴定法》填补了工业水质分析中多项自动连续检测标准的空白，为锅炉用水与冷却水的检测提供一种快速便捷、自动化程度高、国际先进的标准方法。

二、集成检测方法与传统检测方法对比

电导率、pH、酚酞碱度、全碱度、氯离子浓度、硬度5个检测项目，采用传统的单项检测方法，要分别进行5次取样、检测、清洗的重复操作；需要仪器：1台pH酸度计、1台电导率仪、3根滴定管（人工滴定）或2台电位滴定仪（用电位滴定法分别测定碱度和氯化物），单个水样测试时间耗费20~60min，检测数据人工记录，纸张保存，若重新誊写记录，则无法保存修改痕迹。采用集成检测方法可在同一台仪器、同一水样样品中自动完成这5个项目的测定，并可自动对多个水样进行连续检测，单个水样测试时间仅8~20min，测定次数、检测数据和滴定曲线自动记录、计算机储存，并可通过网络传输，数据可溯源，修改有溯迹，便于管理。两种检测方法对比见表4-1。

表4-1 传统检测方法与集成检测方法对比

检测项目	传统检测		集成检测
	单项检测标准	检测方法和仪器	
电导率	GB/T 6908《锅炉用水和冷却水分析方法 电导率的测定》	电导率仪	多功能自动电位滴定仪；采用电导和电位法，其中酚酞碱度、全碱度、氯化物和硬度测定采用电位滴定法
pH	GB/T 6904《工业循环冷却水及锅炉用水中pH的测定》	pH酸度计	
酚酞碱度和全碱度	GB/T 15451《工业循环冷却水 总碱及酚酞碱度的测定》	①指示剂法（手工滴定）②电位滴定	
氯化物	GB/T 15453《工业循环冷却水和锅炉用水中氯离子的测定》	①莫尔法②电位滴定法③共沉淀富集分光光度法（痕量氯化物测定）	
硬度	GB/T 6909《锅炉用水和冷却水分析方法 硬度的测定》	手工滴定，以铬黑T或酸性铬兰K作指示剂，EDTA络合	

三、检测对象

集成检测法的对象主要是锅炉用水与冷却水，主要试验样品分三类。第一类是锅炉给水，此类水样通常来源于自来水、地表水或地下水，其电导率、碱度和氯化物浓度较低，经过软化处理的给水硬度低，未经软化处理的给水硬度较高。第二类是锅炉的锅水，它是第一类水经过高温蒸发浓缩的水体，其电导率、pH、碱度、氯化物浓度较高，此类水样通常无须测定硬度。第三类是循环冷却水，硬度和氯化

物浓度较高，电导率和碱度受原水水质及浓缩倍率和阻垢剂成分影响差异较大。另外，锅水和循环冷却水常含有阻垢防腐剂，有可能干扰测定。通过试验研究，得出了合理的仪器参数和优化检测程序，确定了集成检测的适用范围及可靠性。

在集成检测方法的试验研究中，和来自广东、浙江、上海、山东和北京的 6 家实验室进行合作。各实验室先根据所使用仪器的特点，进行仪器设置的可靠性试验、干扰因素的影响试验，以及人工测定与集成检测的比对试验；然后分别从所在地区的锅炉和循环冷却设备中采集水样后互相寄送，所采样品具有南北方不同区域的水样代表性，并分别采用不同品牌的多功能自动电位滴定仪进行实验室的比对试验，根据试验结果计算确定集成检测方法的精密度。

第二节　仪器设置对检测结果的影响

一、仪器配置

多功能自动电位滴定仪的主要配置为：主机带双排电极接口，可同时接入电导电极、pH 复合电极、Ag 复合电极、钙离子选择性电极等；4 个加液单元（分别用于硫酸标准溶液、硝酸银标准溶液、EDTA 标准溶液、氨-氯化铵缓冲溶液的定量加液）；自动进样器（具备自动转换样品位、自动清洗等功能）以及计算机软件等（图 4-1 和图 4-2）。

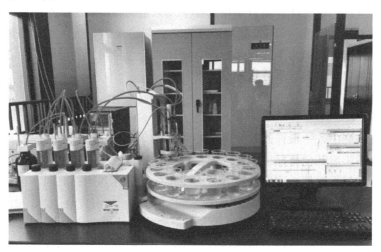

图 4-1　某多功能自动电位滴定仪（一）

注：彩色图见书后插页。

多项目自动连续检测实际上是各项目检测方法的集成，以电导法、直接电位法和电位滴定法为原理，将多功能自动电位滴定仪的电极架上所装电导电极、pH 复合电极、Ag 复合电极和钙离子选择性电极同时插入待测样品中，进行电导率、

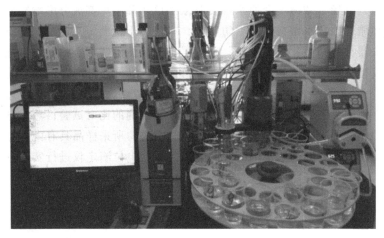

图 4-2　某多功能自动电位滴定仪（二）

注：彩色图见书后插页。

pH、酚酞碱度、全碱度、氯离子浓度、硬度等指标的连续测定。其中，电导率采用电导测量模块测定；pH 采用直接电位法测定；碱度测定以 pH 复合电极为测量电极，硫酸标准溶液为滴定剂，采用预设终点滴定法，以 pH = 8.3 为酚酞碱度的滴定终点及化学计量点、pH = 4.4 为全碱度的滴定终点及化学计量点；氯化物测定以 Ag 复合电极为测量电极，硝酸银标准溶液为滴定剂，采用等当点滴定法识别化学计量点；若继续测定硬度，则自动在水样中加入适量 pH = 10 缓冲溶液，以钙离子选择性电极为测量电极，EDTA 标准溶液为滴定剂，采用等当点滴定法识别化学计量点。整个测定过程和结果计算由仪器自动完成，与自动进样器联用可进行多个水样自动连续测定，实现水质分析的全自动化。

二、pH 和电导率的设置

在集成检测中，一般样品首先测定电导率和 pH，其测定过程基本不受其他因素干扰，也不影响其他指标的测定。为了确定检测设置对测定结果的准确性和精密度的影响，进行不搅拌、测定前搅拌、测定中继续搅拌和搅拌时间、搅拌速度以及测定时间等多项比对试验，结果如下。

1）水样放置后，测定前若不搅拌，会影响测定结果的重复性，其原因可能是不能保证被测水样的均匀性。但测定过程中若一直搅拌，则检测数据不易稳定，因此比较合适的是测定前进行适当搅拌。

2）搅拌时间和搅拌速度须适当。时间过长、速度过快，空气中的 CO_2 会对测定结果有所影响。

根据试验结果，可设置为：测定时先开启搅拌，10s 后停止搅拌，测量电导率，持续 10~60s，读数变化（也称漂移）小于 0.01（mS/cm）/min 后采集数据。

再测量 pH，持续 $10\sim60\text{s}$，读数变化不大于 5mV/min 时采集 pH 测定值。

三、电位滴定参数优化

电位滴定主要参数及其优化的试验内容见表 4-2。

表 4-2　电位滴定主要参数及其优化的试验内容

滴定模式		特点	设置试验内容
标准溶液滴定模式	动态滴定	根据标准溶液滴加后电位平衡的速度，自动调节标准溶液的滴加速度和下一滴的体积。对于高浓度水样，测定速度较快	滴定速度（电位变化控制值和等待时间）、最大加液体积和最小加液体积对测定结果的影响
	等量滴定	每次滴加的标准溶液体积相同。当加液体积很少时，对测定低浓度水样准确性较好，测定高浓度水样速度过慢	每滴加液体积的适宜体积及滴定速度对测定结果的影响
滴定终点判断模式	等当点滴定	以出现最大突跃点为滴定终点，并以此突跃点为化学计量点	突跃点评估阈值的设置
	预设终点滴定	以到达预设的某一终点停止滴定，并以此作为化学计量点。对电极定位要求高	合适的预设终点值，以及临近预设终点的慢速滴定区的设置

1. 碱度滴定参数设置

（1）碱度滴定的终点判断模式　电位滴定法测定碱度以 pH 电极为测量电极，对于酚酞碱度而言，滴定终点时 pH 为 $8.2\sim8.3$（酚酞变色）；对于全碱度而言，滴定终点时 pH 为 $4.2\sim4.6$（甲基橙变色），即酚酞碱度和全碱度滴定终点的 pH 可以预设。因此碱度测定的终点判断既可采用等当点滴定，也可采用预设终点滴定，两者的比对测定结果见表 4-3。试验结果表明：两者测定值和标准差很接近，但等当点测定需滴定过量后再判断终点，而且电位平衡控制需要等待时间，因此测定速度相对较慢；另外，偶尔还会出现假突跃点的异常情况，影响测定结果判断。预设终点滴定法不仅测定速度较快，而且测定结果也较为可靠，不会出现假终点，也无须加入过量的酸标准溶液，因此碱度测定以采用预设终点的滴定方法为好。

表 4-3　不同滴定终点判断模式比对测定结果

项目	预设终点滴定法		等当点滴定法			
	酚酞碱度/(mmol/L)预设终点 pH=8.2	总碱度/(mmol/L)预设终点 pH=4.5	酚酞碱度		总碱度	
			测定值/(mmol/L)	突跃点 pH	测定值/(mmol/L)	突跃点 pH
试验 1	1.56	2.56	1.51	8.21	2.34	4.52
试验 2	1.52	2.52	1.50	8.17	2.34	4.55

（续）

项目	预设终点滴定法		等当点滴定法			
	酚酞碱度/（mmol/L） 预设终点 pH = 8.2	总碱度/（mmol/L） 预设终点 pH = 4.5	酚酞碱度		总碱度	
			测定值/ （mmol/L）	突跃点 pH	测定值/ （mmol/L）	突跃点 pH
试验 3	1.54	2.53	1.50	8.16	2.34	4.55
试验 4	1.53	2.49	1.50	8.14	1.67①	7.32①
试验 5	1.55	2.50	1.49	8.16	1.80①	6.98①
试验 6	1.52	2.55	1.47	8.16	2.34	4.58
试验 7	1.53	2.49	1.50	8.14	2.34	4.52
试验 8	1.53	2.55	1.49	8.16	2.34	4.50
试验 9	1.53	2.57	1.47	8.16	2.35	4.48
平均值	1.53	2.53	1.49	8.16	2.34	4.53
标准偏差	0.01	0.03	0.01	—	0.004	—

注：标准溶液为 $c(1/2H_2SO_4) = 0.1mol/L$ 的硫酸溶液。

① 计算平均值和标准差时排除此异常数据。

（2）临近终点的慢速滴定区设置　采用预设终点滴定时，在距离终点较远时，可以较快速度滴定，但在临近终点时，为防止滴定过量应放慢滴定速度，因此须设置合适的慢速滴定区（设置过大，测定时间长；设置过小，容易滴定过量）。碱度测定时慢速滴定控制 pH 区域的试验结果见表 4-4 和表 4-5。

表 4-4　低碱度水临近终点慢速滴定 pH 控制试验结果

近终点慢速 pH 范围		+0.5	+1	+1.5	+2	+3
碱度测定值/ （mmol/L）	试验 1	0.44	0.35	0.31	0.31	0.29
	试验 2	0.40	0.35	0.32	0.29	0.27
	试验 3	0.40	0.34	0.30	0.30	0.27
	平均值	0.41	0.35	0.31	0.30	0.28
标准偏差/（mmol/L）		0.02	0.006	0.01	0.01	0.01

注：标准溶液为 $c(1/2H_2SO_4) = 0.1mol/L$ 的硫酸溶液。

表 4-5　锅水临近终点慢速滴定 pH 控制试验结果

慢速 pH 范围	项目	试验 1	试验 2	试验 3	平均值	标准偏差	平均测定时间/s
+0.5	酚酞碱度/ （mmol/L）	4.34	4.27	4.33	4.31	0.04	240
+1.0		4.23	4.24	4.2	4.22	0.02	228
+1.5		4.21	4.5	4.17	4.29	0.18	230
+2.0		4.09	4.10	4.07	4.09	0.02	231
+2.5		4.05	4.05	4.03	4.04	0.01	255
+3.0		4.01	3.97	3.96	3.98	0.03	293

（续）

慢速 pH 范围	项目	试验 1	试验 2	试验 3	平均值	标准偏差	平均测定时间/s
+0.5		7.71	7.79	7.80	7.77	0.05	433
+1.0		7.81	7.84	7.81	7.82	0.02	423
+1.5	总碱度/(mmol/L)	7.81	8.14	7.82	7.92	0.19	424
+2.0		7.82	7.81	7.81	7.81	0.01	437
+2.5		7.79	7.78	7.79	7.79	0.01	492
+3.0		7.82	7.80	7.81	7.81	0.01	576

注：标准溶液为 $c(1/2H_2SO_4) = 0.1mol/L$ 的硫酸溶液。

从上述检测结果看，慢速滴定区域 pH 范围的设置对碱度测定具有影响。设置慢速滴定区域与终点 pH 相差小于 1 时，可能会因滴定过量而使测定结果变大，特别对于低碱度水样的检测影响更大；但慢速滴定区域 pH 范围过大，不仅测定时间增加，而且有可能受空气中二氧化碳溶解的影响使酚酞碱度测定不准确。根据试验结果，建议设置与终点 pH 相差 2 时为慢速滴定区域。

（3）预设终点 pH 设置 一般来说，酚酞指示剂变色时 pH 为 8.2~8.3；甲基橙指示剂变色时 pH 为 4.2~4.5。为了确定预设终点 pH 值的设置对碱度测定结果的影响，分别预设酚酞碱度滴定终点的 pH 为 8.2、8.25、8.3、8.4，预设总碱度滴定终点的 pH 为 4.2、4.3、4.4、4.5 进行平行测定试验，测定结果见表 4-6。从测定数据看，酚酞碱度测定值随着预设终点 pH 从 8.2 至 8.4 变化而略变小；全碱度预设终点 pH 从 4.2 至 4.5 变化时，测定结果很接近。由此可见，预设终点的 pH 设置对酚酞碱度有一定影响，对全碱度影响不大。

另外，在滴定中分别加酚酞指示剂和甲基橙指示剂，模拟人工滴定终点对水样变色情况进行观察。试验结果：酚酞碱度预设终点 pH 为 8.2，滴定终点时水样完全无色；预设终点 pH 为 8.3，滴定终点时水样由红色变为无色；预设终点 pH 为 8.4，滴定终点时水样仍略带粉红色。全碱度预设终点 pH 在 4.2~4.5 范围内，测定后加入甲基橙指示剂，溶液颜色显橙色，相差不太明显，但仔细分辨预设 pH 为 4.2 时，略偏红色；预设 pH 为 4.5 时，略偏黄色（图 4-3）。因此建议酚酞碱度的预设终点为 pH = 8.3；全碱度预设终点为 pH = 4.4。

表 4-6 预设终点 pH 值对滴定结果影响的试验结果 （单位：mmol/L）

预设终点 pH	项目	试验 1	试验 2	试验 3	平均值
8.2		2.69	2.65	2.62	2.65
8.25	酚酞碱度	2.65	2.62	2.63	2.63
8.3		2.62	2.62	2.59	2.61
8.4		2.57	2.51	2.54	2.54

（续）

预设终点 pH	项目	试验 1	试验 2	试验 3	平均值
4.2	总碱度	4.57	4.59	4.60	4.59
4.3		4.58	4.59	4.59	4.59
4.4		4.59	4.59	4.61	4.60
4.5		4.61	4.59	4.61	4.60

a) 酚酞碱度滴定终点 pH 为 8.2～8.4   b) 全碱度滴定终点 pH 为 4.2～4.5

图 4-3　预设不同 pH 滴定终点时指示剂颜色

注：彩图见书后插页。

（4）标准溶液动态加液速度的设置　由于工业锅炉用水的碱度一般不会很低，尤其是锅水的碱度有时会很高，因此标准溶液宜采用动态加液方式。分别用锅炉给水和锅水进行低碱度水和高碱度水的动态加液速度试验，其目的是在保证终点滴定不过量的前提下，尽量缩短测定时间，提高检测效率。

1）最小加液速度的设置：在动态滴定中，最小加液速度主要是起始时和接近终点时的滴定速度。在最大加液速度为 5mL/min、慢速滴定区为与终点 pH 相差 2 的条件下，分别进行低碱度水和高碱度水在不同的最小加液速度时的平行比对试验，结果见表 4-7 和表 4-8。试验结果表明：无论是高碱度水，还是低碱度水，最小加液速度的设置对测定结果的精密度影响不大，消耗时间随着最小加液速度增大而略有减少。

表 4-7　最小加液速度设置对低碱度水测定影响的试验结果

最小加液速度/（μL/min）		10	20	25	30	50
总碱度测定结果/（mmol/L）	试验 1	0.29	0.29	0.29	0.31	0.31
	试验 2	0.29	0.29	0.29	0.31	0.32
	试验 3	0.29	0.29	0.29	0.29	0.30

（续）

最小加液速度/（μL/min）		10	20	25	30	50
总碱度测定结果/（mmol/L）	试验 4	0.29	0.29	0.29	0.32	0.31
	试验 5	0.29	0.29	0.29	0.31	0.30
	试验 6	0.29	0.29	0.29	0.29	0.31
	试验 7	0.29	0.29	0.29	0.33	0.32
	平均值	0.29	0.29	0.29	0.31	0.31
平均消耗时间/s		58	48	48	54	45
标准偏差/（mmol/L）		0.00	0.00	0.00	0.01	0.01
相对标准偏差（%）		0.00	0.00	0.00	3.23	3.23

表 4-8 最小加液速度设置对高碱度水测定影响的试验结果

最小加液速度/（μL/min）		10		20		25		30		50	
类别		酚酞	总碱	酚酞	总碱	酚酞	总碱	酚酞	总碱	酚酞	总碱
碱度测定结果/（mmol/L）	试验 1	28.18	46.07	27.99	46.40	26.86	44.02	26.74	43.76	28.59	46.51
	试验 2	28.08	46.08	27.62	46.07	26.80	44.02	26.79	43.98	28.34	46.45
	试验 3	28.25	46.47	27.70	46.39	26.71	44.01	26.56	43.77	28.27	46.31
	试验 4	27.83	45.96	27.73	46.49	26.52	43.91	26.57	43.95	27.84	46.08
	试验 5	28.19	46.57	27.00	45.78	26.44	43.92	26.42	43.80	28.03	46.49
	试验 6	27.56	45.89	27.45	46.52	26.21	43.70	—	—	27.81	46.48
	平均值	28.02	46.17	27.58	46.28	26.59	43.93	26.62	43.85	28.15	46.39
平均消耗时间/s		312	528	301	517	277	478	261	462	290	505
标准偏差/（mmol/L）		0.268	0.279	0.335	0.291	0.246	0.123	0.149	0.105	0.307	0.166
相对标准偏差（%）		0.96	0.60	1.21	0.63	0.93	0.28	0.56	0.24	1.09	0.36

2）最大加液速度的设置：在动态滴定中，每滴标准溶液加入后，仪器将自动根据电位变化情况调整下一滴加液速度和加液体积。如果电位很快平衡，说明离终点尚远，就会逐渐加快滴入速度并增加滴入体积。合适的最大加液速度设置，是在保证临近终点时能及时进入慢滴定区的前提下，尽量缩短测定时间，既避免滴过量，保证测定准确性，又提高检测效率。在慢速滴定区为与终点 pH 相差 2、给水最小加液速度为 20μL/min、锅水最小加液速度为 50μL/min 的条件下，分别进行低碱度水和高碱度水在不同的最大加液速度时的平行比对试验，结果见表 4-9 和表 4-10。

表 4-9　低碱度水测定最大加液速度设置的试验结果

最大加液速度/(mL/min)		2	5	10	15	20
总碱度测定结果/ (mmol/L)	试验 1	0.29	0.30	0.30	0.33	0.31
	试验 2	0.30	0.30	0.30	0.30	0.30
	试验 3	0.29	0.30	0.30	0.30	0.31
	试验 4	0.29	0.30	0.32	0.30	0.31
	试验 5	0.30	0.30	0.32	0.30	0.31
	试验 6	0.30	0.30	0.30	0.30	0.31
	试验 7	0.30	0.30	0.30	0.30	0.33
	平均值	0.30	0.30	0.31	0.30	0.31
平均消耗时间/s		55	51	58	58	61
标准偏差/(mmol/L)		0.01	0.00	0.01	0.01	0.01
相对标准偏差(%)		3.33	0.00	3.23	3.33	3.23

表 4-10　高碱度水测定最大加液速度设置的试验结果

最大加液速度/(mL/min)		5		10		15		20	
类别		酚酞	总碱	酚酞	总碱	酚酞	总碱	酚酞	总碱
碱度测定结果/ (mmol/L)	试验 1	27.54	40.94	27.83	40.94	27.96	41.09	28.03	40.86
	试验 2	27.65	40.95	27.79	40.85	28.16	41.19	27.64	40.64
	试验 3	27.44	40.84	27.81	40.99	27.97	41.00	28.25	40.97
	试验 4	27.38	40.98	27.43	40.78	28.02	41.12	27.95	40.82
	试验 5	27.22	41.04	27.45	40.89	27.82	41.00	28.13	41.00
	试验 6	27.15	40.90	27.36	40.78	27.66	40.77	27.84	40.85
	试验 7	27.15	40.03	27.62	41.13	27.72	41.05	28.01	41.02
	平均值	27.36	40.81	27.61	40.91	27.90	41.03	27.98	40.88
平均消耗时间/s		391	641	232	402	180	328	154	302
标准偏差/(mmol/L)		0.20	0.35	0.20	0.12	0.18	0.13	0.20	0.13
相对标准偏差(%)		0.73	0.86	0.72	0.29	0.66	0.32	0.71	0.32

　　上述试验用水选择了比较极端的水样，即给水碱度很低，锅水碱度很高，实际锅炉水样的碱度大多在此范围。试验结果表明：最大加液速度的设置对测定精密度影响不大，对于低碱度水，以 5mL/min 略好；对于高碱度水，以 15mL/min 略好。对低碱度水样，消耗时间相差不大；对高碱度水样，随着加液速度增大，测定时间明显缩短。

　　总的来说，无论是低碱度还是高碱度水样，加液速度设置在一定范围内时，对碱度测定结果的准确性影响都不大。但测定高碱度水样时，最大加液速度设置过小，测定时间较长，检测效率低。考虑到全国各地水源水质差异较大，不但给水碱度相差大，不同的水处理方式也会使得锅水碱度相差很大。因此综合考虑，在标准中建议：对于锅炉给水、循环冷却水和天然水，加液速度最大 10mL/min，最小 $25\mu L/min$；对于碱度较高的锅水，加液速度最大 15mL/min，最小 $30\sim50\mu L/min$。

2. 氯离子滴定参数设置

我国大多数工业锅炉用水的氯离子浓度为：给水 $5\sim200mg/L$，锅水 $100\sim1500mg/L$，因此氯离子浓度测定宜采用动态滴定，以最大突跃点为化学计量点。为确定合适的电位变化控制值、加液体积和加液速度设置参数 [dE、$dV(max)$、$dV(min)$、dE/dt] 以及突跃点评估阈值，采用标准物质配置模拟给水和锅水进行系列比对试验，以求得氯离子浓度测定的优化设置参数。

（1）电位变化控制值（dE） 每滴标准溶液加入后导致电位变化的控制值对滴定曲线及突跃点的判断有一定影响。采用浓度为 0.050mol/L 的硝酸银标准溶液，配置氯离子浓度约 100mg/L 的模拟锅水，进行不同电位变化控制值设置对测定结果的影响试验，判断其对测定准确性的影响，确定合适的 dE 值。测定时其他设置采用仪器出厂默认值，其中：最大加液体积 $dV(max) = 0.5mL$；最小加液体积 $dV(min) = 0.005mL$；电位变化速度 $dE/dt = 30mV/min$；等待时间最短 $t(min) = 3s$，最长 $t(max) = 15s$。测定结果见表 4-11，滴定曲线见图 4-4。

表 4-11 设置不同电位变化控制值（dE）的测定结果

电位变化控制 dE/mV		5	8	10	15	20
氯离子浓度测定结果/（mg/L）	试验 1	99.70	99.37	99.27	99.87	99.24
	试验 2	98.97	99.21	99.16	98.15	99.01
	试验 3	99.79	99.62	99.47	98.75	99.11
	试验 4	99.44	99.02	99.00	99.44	98.71
	试验 5	99.11	99.59	99.19	99.79	99.46
	试验 6	99.55	99.59	99.45	99.94	98.42
	试验 7	99.41	99.20	99.36	99.37	99.37
	平均值	99.42	99.37	99.27	99.36	99.05
平均消耗时间/s		116	102	83	87	75
标准偏差/（mg/L）		0.30	0.24	0.17	0.67	0.37
相对标准偏差（%）		0.30	0.24	0.17	0.67	0.37
突跃点一阶导数/（mV/mL）		410	340	328	179	109

试验结果表明，每滴标准溶液加入量导致电位变化的控制值设置为 $8\sim10mV$ 较为理想。当设置 $dE \geqslant 15mV$ 时，滴定曲线中有时会出现两个突跃点或假突跃点（图 4-4），影响滴定终点的正确判断，并且突跃点的一阶导数也会明显降低。

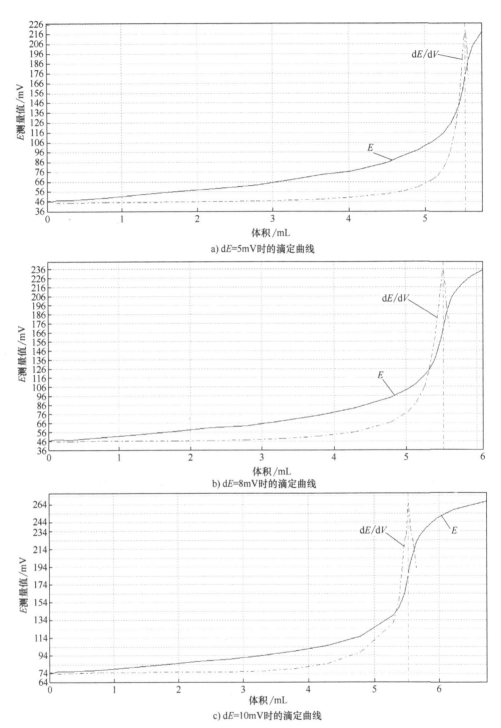

a) dE=5mV时的滴定曲线

b) dE=8mV时的滴定曲线

c) dE=10mV时的滴定曲线

图 4-4　不同电位变化控制值的滴定曲线

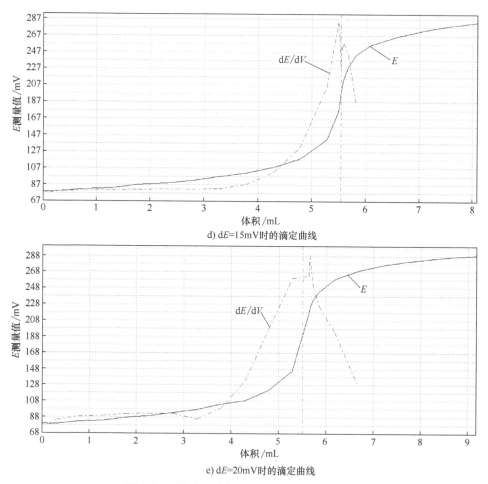

d) dE=15mV时的滴定曲线

e) dE=20mV时的滴定曲线

图 4-4 不同电位变化控制值的滴定曲线（续）

（2）动态加液体积设置 配置氯离子浓度约 5mg/L 的模拟给水和氯离子浓度约 1500mg/L 的模拟锅水，采用硝酸银标准溶液 $c(AgNO_3)=0.100mol/L$，设置 $dE=8mV$；电位变化速度 $dE/dt=30mV/min$；等待时间最短 $t(min)=3s$，最长 $t(max)=15s$，分别设置不同的加液体积，进行比对试验。

1）最小加液体积设置：在最大加液体积 $dV(max)=0.5mL$ 条件下，设置不同的最小加液体积 $dV(min)$，测定结果见表 4-12，滴定曲线见图 4-5。

表 4-12 氯离子浓度测定时，设置不同最小加液体积的比对试验结果

$dV(min)/mL$		0.005		0.01		0.02		0.05	
类别		给水	锅水	给水	锅水	给水	锅水	给水	锅水
氯离子浓度测定结果/（mg/L）	试验1	5.02	1461.5	5.11	1467.9	5.23	1482.1	无效	1460.0
	试验2	5.11	1466.1	4.95	1470.9	5.08	1474.4	无效	1471.1

（续）

dV（min）/mL		0.005		0.01		0.02		0.05	
类别		给水	锅水	给水	锅水	给水	锅水	给水	锅水
氯离子浓度测定结果/（mg/L）	试验 3	5.02	1462.8	5.02	1471.9	4.99	1480.7	无效	1466.4
	试验 4	5.21	1462.0	4.90	1476.0	4.89	1482.9	无效	1465.9
	试验 5	5.07	1468.1	5.08	1468.9	4.94	1477.0	无效	1469.5
	试验 6	6.02	1475.9	5.12	1477.2	5.10	1482.8	无效	1464.3
	试验 7	5.15	1463.2	4.97	—	5.09	1487.2	无效	1473.6
	平均值	5.23	1465.7	5.02	1472.1	5.05	1481.0	—	1467.3
平均消耗时间/s		100	412	78	424	65	370	—	420
标准偏差/（mg/L）		0.36	5.10	0.09	3.76	0.11	4.21	—	4.55
相对标准偏差（%）		6.88	0.35	1.79	0.26	2.18	0.28	—	0.31
突跃点一阶导数/（mV/mL）		700	660	750	450	620	450	—	450

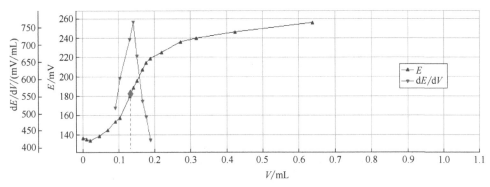

a) 测定低浓度（5mg/L）时最小加液体积设置为0.01mL的滴定曲线

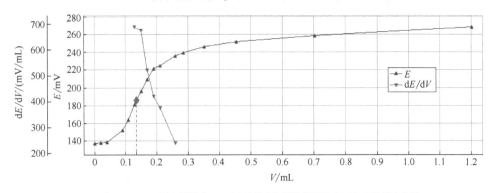

b) 测定低浓度（5mg/L）时最小加液体积设置为0.02mL的滴定曲线

图 4-5　测定不同氯离子浓度时设置不同最小加液体积的滴定曲线

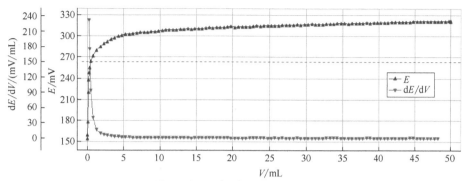

c) 测定低浓度(5mg/L)时最小加液体积设置为0.05mL的滴定曲线

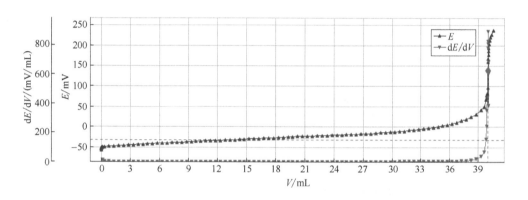

d) 测定高浓度(1500mg/L)时最小加液体积设置为0.005mL的滴定曲线

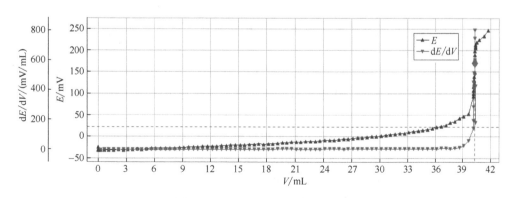

e) 测定高浓度(1500mg/L)时最小加液体积设置为0.01mL的滴定曲线

图 4-5　测定不同氯离子浓度时设置不同最小加液体积的滴定曲线（续）

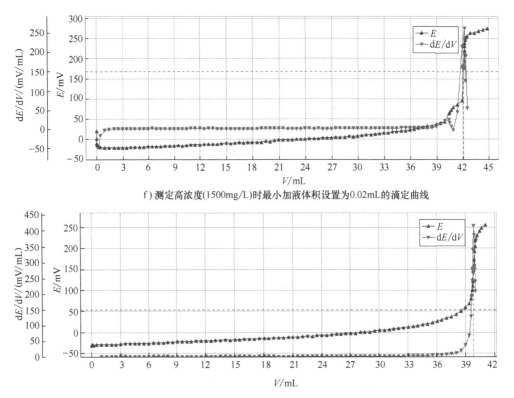

f) 测定高浓度(1500mg/L)时最小加液体积设置为0.02mL的滴定曲线

g) 测定高浓度(1500mg/L)时最小加液体积设置为0.05mL的滴定曲线

图4-5 测定不同氯离子浓度时设置不同最小加液体积的滴定曲线（续）

从试验结果可知，最小加液体积对测定高浓度水样几乎没有影响，对测定氯离子浓度较低的水样（如 Cl⁻ 浓度约 5mg/L 时）有一定影响，当最小加液体积设为 0.05mL 时，无法识别突跃点（图4-5c）。因此氯离子浓度测定的最小加液体积设置为 0.01mL 为宜。

2）最大加液体积设置：在最小加液体积 $dV(max)=0.01mL$ 条件下，设置不同的最大加液体积 $dV(max)$ 进行比对试验，测定结果见表4-13，滴定曲线如图4-6所示。

试验结果表明，最大加液体积设置很重要。最大加液体积设置过小，检测时间长、效率低，发挥不了动态滴定的优势。对于氯离子浓度较高的水样，在保证测定准确性的前提下，宜适当增大加液体积；但对于低浓度水样，最大加液体积过大，容易造成滴定过量，影响测定准确性。根据试验结果，综合考虑精密度和检测效率，氯离子浓度测定的最大加液体积，对于氯离子浓度低于 10mg/L 的水样，以 0.2mL 为宜；一般浓度或较高浓度的水样可设置为 0.5~1.5mL。

表 4-13　氯离子浓度测定时，设置不同最大加液体积的比对试验结果

dV(max)/mL		0.1		0.2		0.5		1.0		1.5
类别		给水	锅水	给水	锅水	给水	锅水	给水	锅水	给水	锅水
氯离子浓度测定结果/(mg/L)	试验 1	4.82	—	5.82	1478.2	5.82	1475.9	5.36	1481.4	5.52	1471.9
	试验 2	5.05	—	5.97	1495.6	6.14	1483.6	5.82	1478.2	5.92	1477.9
	试验 3	4.93	—	5.98	1503.0	6.11	1490.0	5.37	1468.7	5.44	1480.5
	试验 4	5.18	—	6.20	1502.1	5.74	1502.7	5.77	1482.8	5.66	1481.8
	试验 5	5.25	—	5.88	1513.3	5.93	1498.7	5.62	1471.0	5.30	1482.1
	试验 6	4.94	—	5.78	1519.7	5.68	1497.9	5.67	1477.8	5.48	1474.1
	试验 7	5.02	—	6.02	1508.7	5.29	1501.4	5.74	1478.8	5.56	1479.1
	平均值	5.03	—	5.95	1502.94	5.82	1492.9	5.62	1477.0	5.55	1478.2
平均消耗时间/s		80	—	85	858	75	450	96	290	108	264
标准偏差/(mg/L)		0.15	—	0.14	13.47	0.29	10.09	0.19	5.22	0.20	3.89
相对标准偏差(%)		2.98	—	2.35	0.90	4.98	0.68	3.38	0.35	3.60	0.26
一阶导数/(mV/mL)		820	—	940	460	930	600	950	540	950	500

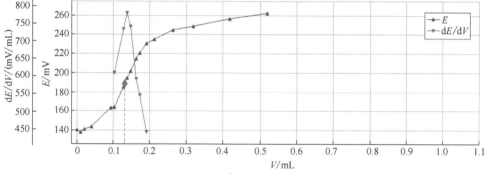

a) 测定低浓度(5mg/L)时最大加液体积设置为0.1mL的滴定曲线

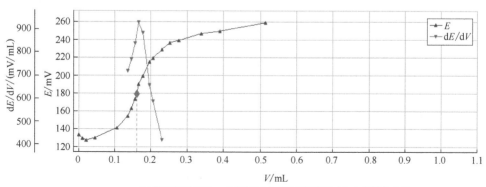

b) 测定低浓度(5mg/L)时最大加液体积设置为0.2mL的滴定曲线

图 4-6　测定不同氯离子浓度时设置不同最大加液体积的滴定曲线

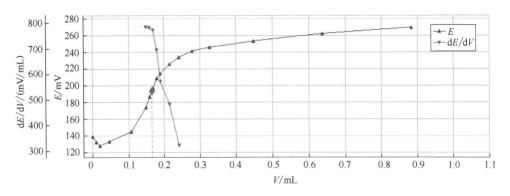

c) 测定低浓度(5mg/L)时最大加液体积设置为0.5mL的滴定曲线

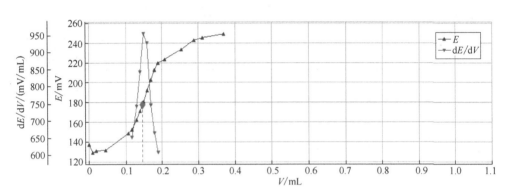

d) 测定低浓度(5mg/L)时最大加液体积设置为1.0mL的滴定曲线

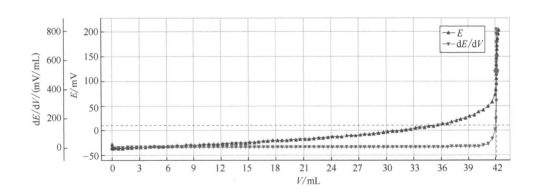

e) 测定高浓度(1500mg/L)时最大加液体积设置为0.5mL的滴定曲线

图 4-6　测定不同氯离子浓度时设置不同最大加液体积的滴定曲线（续）

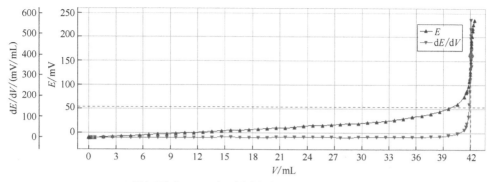

f）测定高浓度(1500mg/L)时最大加液体积设置为1.0mL的滴定曲线

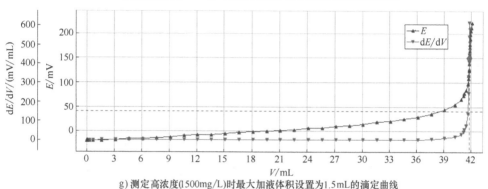

g）测定高浓度(1500mg/L)时最大加液体积设置为1.5mL的滴定曲线

图 4-6　测定不同氯离子浓度时设置不同最大加液体积的滴定曲线（续）

（3）突跃点评估阈值的设置　突跃点评估阈值是指自动电位滴定时仪器评估突跃点的基数值，当滴定曲线一阶导数的峰值大于此值时，识别为有效突跃点。评估阈值设置过小，容易将干扰引起的电位变化（如仪器噪声、干扰物质引起的假突跃）也误认为突跃点，以致滴定曲线上会出现多个突跃点，导致仪器识别不出真正的滴定终点而判测定无效，或者将假突跃点误判为滴定终点，造成测定误差；阈值设置过大，则测定低浓度水样时，当突跃点电位变化很小时，有可能会被忽略不计而疏漏，以致得不到测定值。突跃点评估阈值（有的也称为等当点识别标准）的设置与被测物的电性及浓度、电极性能和滴定模式有关。例如用宁波特检院实验室的仪器测定氯离子浓度时，滴定曲线的一阶导数（dE/dV）一般在400mV/mL以上（见表 4-12 和表 4-13）。采用动态滴定时，阈值设置为 150~400mV/mL 都能得到理想的滴定曲线；但测定低浓度氯离子时，若采用等量滴定模式，阈值设置为150mV/mL 时，容易出现多个突跃点，如图 4-7a 所示，有时甚至导致测定无效；阈值设置为 400mV/mL 时，滴定曲线较为理想，如图 4-6b 所示。因此该仪器设置氯离子浓度测定的突跃点评估阈值以 200~400mV/mL 为宜。

3. 硬度滴定参数设置

电位滴定法测定一般水样硬度，采用动态滴定方式，以最大突跃点为判断滴定

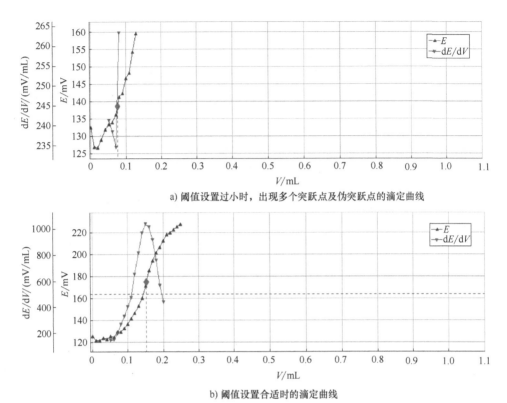

a) 阈值设置过小时，出现多个突跃点及伪突跃点的滴定曲线

b) 阈值设置合适时的滴定曲线

图 4-7　阈值设置合理性对滴定曲线的影响

终点，其参数设置试验内容与氯离子浓度测定参数设置试验相似，只是大多数水样硬度不会超过 30mmol/L，且 EDTA 与钙、镁离子络合反应的速度相对慢些，其滴定速度和滴加量、电位变化控制值及突跃点评估阈值有所不同。对于锅炉给水来说，由于原水水质和水处理方式不同，硬度差异较大。试验数据表明，测定硬度较高的水样，仪器参数设置的影响不大，但对于低硬度水样，尤其是硬度低于 0.5mmol/L 的水样，仪器的参数设置对其测定准确性和精密度影响较大。因此重点针对低硬度水测定进行仪器参数设置的试验。

（1）滴定模式及加液体积设置的试验　电位滴定法测定低硬度水时，为了避免滴定过量，标准溶液的浓度和加液体积不宜过大。采用 $c(\text{EDTA}) = 0.005\text{mol/L}$ 的标准溶液，进行不同滴定模式及小体积滴加量的比对试验，结果见表 4-14。

试验数据表明，采用动态滴定时，最大加液体积对测定消耗时间有影响，最小加液体积基本不影响；等量滴定时，每滴加液体积为 0.005mL 时，测定结果略偏低。大量试验结果证实，加液体积过少，电位变化量过小，容易与仪器噪声引起的电位波动混淆，反而影响滴定终点的判断；加液体积过大，当测定硬度很小的水样时，容易滴定过量。适宜的加液体积设置：最大 0.05mL，最小 0.005mL；采用等量滴定时，每滴加液体积以 0.01mL 或 0.02mL 为宜。图 4-8 分别为加液体积为

0.005mL 和 0.010mL 时的滴定曲线图，从图中可知，加液体积为 0.01mL 时，滴定终点的突跃明显，可避免噪声干扰。

表 4-14　低硬度等量滴定的比对试验结果

滴定模式		动态滴定			等量滴定		
标准溶液加液体积/mL		最大 0.10 最小 0.01	最大 0.05 最小 0.01	最大 0.05 最小 0.005	0.005	0.010	0.020
硬度测定结果/ （mmol/L）	试验 1	0.059	0.058	0.059	0.052	0.058	0.057
	试验 2	0.056	0.058	0.058	0.052	0.058	0.058
	试验 3	0.059	0.059	0.058	0.052	0.058	0.058
	试验 4	0.058	0.058	0.059	0.052	0.058	0.058
	试验 5	0.058	0.055	0.058	0.052	0.058	0.058
	试验 6	0.059	0.058	0.058	0.052	0.055	0.058
	试验 7	0.059	0.057	0.058	0.052	0.058	0.058
	平均值	0.058	0.058	0.058	0.052	0.058	0.058
平均消耗时间/s		144	200	200	370	300	230
标准偏差/（mmol/L）		0.001	0.001	0.000	0.000	0.001	0.000
相对标准偏差（%）		1.72	1.72	0.00	0.00	1.72	0.00

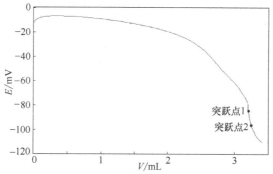

a) 等量滴定模式,加液体积为0.005mL时的滴定曲线

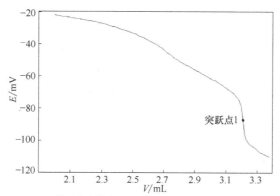

b) 等量滴定模式,加液体积为0.010mL时的滴定曲线

图 4-8　低硬度水样等量滴定时不同加液体积的滴定曲线

（2）电位变化控制值的设置 采用等量加液体积 0.01mL，其他参数设置为仪器商推荐，在设置不同的电位变化控制值（dE/dt）条件下，平行测定水样硬度，测定结果如表 4-15。

表 4-15 dE/dt 的设置对硬度测定结果的影响

dE/dt/（mV/min）	硬度测定结果/（mmol/L）				标准偏差	备注
	试验 1	试验 2	试验 3	平均值		
10	0.337	0.336	0.341	0.338	0.003	人工测定该水样硬度平均值为 0.320mmol/L
20	0.326	0.320	0.321	0.322	0.003	
30	0.329	0.329	0.331	0.330	0.001	
40	0.335	0.336	0.340	0.337	0.003	
50	0.336	0.340	0.336	0.337	0.002	
60	0.337	0.340	0.343	0.340	0.003	
70	0.343	0.338	0.341	0.341	0.003	

由表 4-15 数据可知，随着 dE/dt 值增大，硬度测定值先变小，又逐渐增大，不过总体影响较小。dE/dt 设置为 20mV/min 时，测定结果与人工滴定最接近。

（3）突跃点评估阈值的设置 试验设置 dE/dt 值为 20mV/min，等量加液体积为 0.01mL，设置不同的突跃点评估阈值，平行测量水样硬度，结果见表 4-16。

表 4-16 突跃点评估阈值的设置对硬度测定结果的影响

突跃点评估阈值/（mV/mL）	硬度测定结果/（mmol/L）					备注
	试验 1	试验 2	试验 3	平均值	标准偏差	
5	0.331	0.334	0.336	0.334	0.003	人工测定该样硬度平均值为 0.320mmol/L
10	0.337	0.339	0.338	0.338	0.001	
20	0.337	0.338	0.339	0.338	0.001	
30	0.335	0.334	0.337	0.335	0.002	
40	0.335	0.338	0.336	0.336	0.002	
50	无效	无效	无效	—	—	

由表 4-16 数据可知，阈值设置在一定范围内时，对测定结果的影响不大。但当阈值增加至 50mV/mL 时，可能因浓度低，突跃小，以致仪器难以识别滴定终点而导致测定结果无效。反之，当阈值过小时，仪器会误识多个突跃点，有时甚至无法判定出真的突跃点。根据试验结果，硬度测定的突跃点评估阈值设置以 10～20mV/mL 为宜。

四、集成检测参数优化

1. 参数优化

综合上述各项试验结果，建议集成检测电位滴定的参数设置如下。

（1）碱度测定 采用预设终点滴定方法，全碱度滴定终点为 pH=4.4，酚酞碱度滴定终点为 pH=8.3。采用动态滴定模式，测定给水、天然水等碱度较低的水样时，加液速度最大 10mL/min，最小 0.02mL/min；测定碱度较高的锅水时，加液速度最大 15mL/min，最小 0.05mL/min；与终点 pH 相差 2 时进入慢速滴定状态。

（2）氯离子浓度测定 采用等当点滴定方法，电位变化控制（dE/dt）不大于 30mV/min；突跃点评估阈值为 20~150mV/mL。采用动态滴定模式，测定给水、天然水等氯离子浓度不高的水样时，建议每滴加液体积最大 0.2mL，最小 0.005mL；测定锅水等氯离子浓度较高的水样时，建议每滴加液体积最大 0.5mL，最小 0.01mL。

（3）硬度测定 采用等当点滴定方法，电位变化控制（dE/dt）不大于 20mV/min，突跃点评估阈值为 10~20mV/mL。采用动态滴定模式，测定硬度 ≥0.1mmol/L 的水样时，建议每滴加液体积最大 0.5mL，最小 0.01mL；测定硬度小于 0.1mmol/L 的水样时，建议每滴加液体积最大 0.05mL，最小 0.005mL；或者采用每滴加液体积为 0.01mL 的等量滴定。

2. 验证试验

按上述参数设置仪器，取实际锅炉的给水和锅水，进行集成检测的重复性试验，验证所优化参数的可靠性，测定结果见表 4-17 和表 4-18。平行试验的相对标准偏差较小，表明能够满足标准要求。

表 4-17 实际给水电位滴定自动连续检测重复性试验测定结果

项目	pH（25℃）	总碱度/（mmol/L）	氯离子浓度/（mg/L）	总硬度/（mmol/L）
试验 1	8.29	0.47	6.1	0.369
试验 2	8.29	0.48	6.1	0.378
试验 3	8.28	0.41	6.1	0.377
试验 4	8.26	0.41	6.2	0.382
试验 5	8.30	0.44	6.1	0.375
试验 6	8.30	0.46	6.1	0.379
试验 7	8.31	0.43	6.1	0.373
试验 8	8.34	0.41	6.2	0.379
平均值	8.30	0.44	6.14	0.377
标准偏差	0.023	0.029	0.052	0.004
相对标准偏差（%）	0.28	6.60	0.85	1.06

表 4-18 实际锅水电位滴定自动连续检测重复性试验测定结果

项目	pH（25℃）	酚酞碱度/（mmol/L）	总碱度/（mmol/L）	氯离子浓度/（mg/L）
试验 1	10.82	13.53	28.41	536.7
试验 2	10.82	13.25	27.99	534.5

（续）

项目	pH（25℃）	酚酞碱度/（mmol/L）	总碱度/（mmol/L）	氯离子浓度/（mg/L）
试验 3	10.82	13.20	27.93	532.1
试验 4	10.83	13.24	27.85	530.7
试验 5	10.83	13.21	27.87	530.3
试验 6	10.82	13.27	28.09	533.7
试验 7	10.81	13.17	27.92	531.3
试验 8	10.80	13.20	28.03	531.6
平均值	10.82	13.26	28.01	532.6
标准偏差	0.01	0.11	0.18	2.19
相对标准偏差（%）	0.09	0.83	0.64	0.41

第三节　与其他检测方法的对比

一、集成检测与人工单项测定对比

锅炉给水和锅水采用自动连续检测与人工测定结果的对比见表 4-19 和表 4-20。

表 4-19　锅炉给水仪器自动连续检测与人工测定的对比

样品编号	检测项目	仪器自动连续检测				人工测定				自动与人工平均偏差
		1	2	3	平均值	1	2	3	平均值	
1	电导率/（μS/cm）	172	172	173	172	168	168	170	169	3
	pH（25℃）	8.40	8.38	8.36	8.38	8.00	8.02	8.05	8.02	0.36
	氯离子浓度/（mg/L）	22.9	22.9	23.1	23.0	19.6	19	20	19.5	3.5
	硬度/（mmol/L）	0.018	0.019	0.020	0.019	0.020	0.018	0.023	0.020	-0.001
2	电导率/（μS/cm）	142	145	146	144	135	138	132	135	9
	pH（25℃）	7.12	7.13	7.15	7.13	7.07	7.09	7.1	7.09	0.04
	氯离子浓度/（mg/L）	15.3	15.2	15.7	15.4	13.5	13.8	14.2	13.8	1.6
	硬度/（mmol/L）	0.2	0.22	0.23	0.22	0.12	0.15	0.16	0.14	0.08

（续）

样品编号	检测项目	仪器自动连续检测				人工测定				自动与人工平均偏差
		1	2	3	平均值	1	2	3	平均值	
3	电导率/(μS/cm)	188	186	189	188	190	192	195	192	−4
	pH(25℃)	7.31	7.32	7.33	7.32	7.24	7.28	7.26	7.26	0.06
	氯离子浓度/(mg/L)	20.8	20.9	21.2	21.0	18.5	18.9	19.2	18.9	2.1
	硬度/(mmol/L)	7.22	7.24	7.21	7.22	7.3	7.25	7.32	7.29	−0.07
4	电导率/(μS/cm)	220	221	222	221	212	215	216	214	7
	pH(25℃)	6.78	6.8	6.81	6.80	6.69	6.72	6.73	6.71	0.09
	氯离子浓度/(mg/L)	30.2	30.6	30.4	30.4	33.4	33.6	33.8	33.6	−3.2
	硬度/(mmol/L)	2.5	2.45	2.48	2.48	2.34	2.38	2.42	2.38	0.10
5	电导率/(μS/cm)	121	122	124	122	116	113	115	115	7
	pH(25℃)	8.2	8.23	8.24	8.22	8.12	8.14	8.16	8.14	0.08
	氯离子浓度/(mg/L)	36.8	36.9	37.1	36.9	38.1	38.2	38.3	38.2	−1.3
	硬度/(mmol/L)	8.14	8.07	8.1	8.10	8.01	7.97	7.95	7.98	0.12
6	电导率/(μS/cm)	189	188	190	189	181	181	183	182	7
	pH(25℃)	7.4	7.38	7.39	7.39	7.42	7.45	7.45	7.44	−0.05
	氯离子浓度/(mg/L)	7.1	7.2	7.6	7.3	7.8	7.9	7.7	7.8	−0.5
	硬度/(mmol/L)	3.29	3.27	3.25	3.27	3.1	3.15	3.18	3.14	0.13
7	电导率/(μS/cm)	322	322	324	323	310	312	315	312	11
	pH(25℃)	7.09	7.09	7.1	7.09	7.03	7.08	7.06	7.06	0.03
	氯离子浓度/(mg/L)	11.2	10.9	11.5	11.2	10.2	10.6	10.8	10.5	0.7
	硬度/(mmol/L)	13.21	13.15	13.18	13.18	13.25	13.2	13.22	13.22	−0.04

（续）

样品编号	检测项目	仪器自动连续检测				人工测定				自动与人工平均偏差
		1	2	3	平均值	1	2	3	平均值	
8	电导率/ （μS/cm）	162	175	170	169	155	155	155	155	14
	pH（25℃）	8.13	8.12	8.15	8.13	7.88	7.85	7.83	7.85	0.28
	氯离子浓度/ （mg/L）	32.7	31.7	32	32.1	31	30.5	30	30.5	1.6
	硬度/ （mmol/L）	0.039	0.031	0.035	0.035	0.022	0.02	0.023	0.022	0.013
9	电导率/ （μS/cm）	163	168	171	167	168	170	169	169	-2
	pH（25℃）	8.08	8.1	8.12	8.10	7.95	7.92	7.9	7.92	0.18
	氯离子浓度/ （mg/L）	20.1	21	21.3	20.8	19.5	19.9	19.2	19.5	1.3
	硬度/ （mmol/L）	0.036	0.04	0.042	0.039	0.023	0.025	0.027	0.025	0.014
10	电导率/ （μS/cm）	163	164	165	164	153	150	156	153	11
	pH（25℃）	7.92	7.98	7.98	7.96	7.41	7.4	7.39	7.40	0.56
	氯离子浓度/ （mg/L）	17.9	17.8	18	17.9	15.8	16	16.3	16.0	1.9
	硬度/ （mmol/L）	0.018	0.015	0.02	0.018	0.005	0.005	0.005	0.005	0.013

表 4-20　锅水仪器自动连续检测与人工测定的对比

样品编号	检测项目	仪器自动连续检测				人工测定				自动与人工平均偏差
		1	2	3	平均值	1	2	3	平均值	
1	pH（25℃）	11.04	11.05	11.04	11.04	11.15	11.14	11.16	11.15	-0.11
	电导率/ （μS/cm）	346	344	347	346	353	355	358	355	-9
	酚酞碱度/ （mmol/L）	1.35	1.32	1.36	1.34	1.30	1.35	1.32	1.32	0.02
	全碱度/ （mmol/L）	1.67	1.66	1.67	1.67	1.52	1.55	1.55	1.54	0.13
	氯离子浓度/ （mg/L）	22.3	23.5	22.9	22.9	24.6	24	24.3	24.3	-1.4

（续）

样品编号	检测项目	仪器自动连续检测				人工测定				自动与人工平均偏差
		1	2	3	平均值	1	2	3	平均值	
2	pH（25℃）	12.1	12.09	12.08	12.09	12.15	12.17	12.16	12.16	−0.07
	电导率/（μS/cm）	4129	4111	4126	4122	4350	4360	4360	4357	−235
	酚酞碱度/（mmol/L）	17.67	17.59	17.62	17.63	18.95	19.05	19.00	19.00	−1.37
	全碱度/（mmol/L）	21.66	21.69	21.62	21.66	21.52	21.65	21.63	21.60	0.06
	氯离子浓度/（mg/L）	555	550	554	553	538	530	533	534	19
3	pH（25℃）	11.62	11.6	11.61	11.61	11.72	11.74	11.74	11.73	−0.12
	电导率/（μS/cm）	2344	2345	2347	2345	2680	2670	2670	2673	−328
	酚酞碱度/（mmol/L）	7.13	7.12	7.12	7.12	8.30	8.32	8.35	8.32	−1.2
	全碱度/（mmol/L）	12.16	12.22	12.19	12.19	12.28	12.30	12.35	12.31	−0.12
	氯离子浓度/（mg/L）	286.6	287.4	287.9	287	282	278	285	282	5
4	pH（25℃）	9.87	9.88	9.87	9.87	9.62	9.65	9.67	9.65	0.22
	电导率/（μS/cm）	2419	2437	2425	2427	2600	2590	2600	2597	−170
	酚酞碱度/（mmol/L）	0.56	0.58	0.55	0.56	0.60	0.60	0.60	0.60	−0.04
	全碱度/（mmol/L）	1.08	1.09	1.07	1.08	0.83	0.83	0.85	0.84	0.24
	氯离子浓度/（mg/L）	410	411	410	410	382	388	393	388	22
5	pH（25℃）	10.74	10.74	10.74	10.74	10.86	10.87	10.87	10.87	−0.13
	电导率/（μS/cm）	1597	1594	1595	1595	1770	1770	1769	1770	−175
	酚酞碱度/（mmol/L）	5.56	5.56	5.56	5.56	6.42	6.35	6.38	6.38	−0.82

（续）

样品编号	检测项目	仪器自动连续检测				人工测定				自动与人工平均偏差
		1	2	3	平均值	1	2	3	平均值	
5	全碱度/（mmol/L）	12.36	12.38	12.36	12.37	12.37	12.22	12.31	12.30	0.07
	氯离子浓度/（mg/L）	62	59	59	60	67	66	66	66	−6
6	pH（25℃）	10.4	10.42	10.45	10.42	10.25	10.32	10.28	10.28	0.14
	电导率/（μS/cm）	2240	2248	2252	2247	2210	2220	2210	2213	34
	酚酞碱度/（mmol/L）	0.62	0.67	0.65	0.65	0.81	0.86	0.82	0.83	−0.18
	全碱度/（mmol/L）	2.62	2.63	2.56	2.60	2.59	2.61	2.63	2.61	−0.01
	氯离子浓度/（mg/L）	152	153	153	153	150	151	151	151	2
7	pH（25℃）	9.69	9.67	9.69	9.68	9.51	9.52	9.55	9.53	0.15
	电导率/（μS/cm）	1019	1022	1026	1022	1023	1027	1030	1027	−5
	酚酞碱度/（mmol/L）	0.14	0.11	0.12	0.12	0.15	0.14	0.15	0.15	−0.03
	全碱度/（mmol/L）	0.28	0.29	0.27	0.28	0.25	0.26	0.28	0.26	0.02
	氯离子浓度/（mg/L）	316	312	313	314	310	311	312	311	3
8	pH（25℃）	12.05	12.02	12.04	12.04	11.85	11.87	11.86	11.86	0.18
	电导率/（μS/cm）	2397	2395	2398	2397	2396	2392	2390	2393	4
	酚酞碱度/（mmol/L）	6.07	6.13	6.1	6.10	5.07	4.89	4.92	4.96	1.14
	全碱度/（mmol/L）	17.57	17.53	17.52	17.54	17.22	17.14	17.12	17.16	0.38
	氯离子浓度/（mg/L）	302	303	303	303	282	280	282	281	22

集成检测与手工测定的比对结果表明：对于正常浓度范围内的锅炉给水和锅

水，两者测定结果很接近，只是高浓度的锅水电导率有时误差较大。由于自动连续检测时，往往首先检测电导率（或者在中和酚酞碱度后测定电导率），因此不存在其他物质对其测定的干扰问题，误差较大的原因可能是电导池常数的校正存在问题，与自动连续检测无关。

二、电位滴定法与 ICP 法测定硬度的对比

采用电位滴定法集成检测与电感耦合高频等离子体（ICP）法测定水样总硬度的结果对比见表 4-21。

表 4-21　电位滴定法集成检测与 ICP 法测定水样总硬度结果对比

水样	ICP 法测定值/（mmol/L）	电位滴定法集成测定值/（mmol/L）
1 号循环水	7.45	6.00～6.20
2 号循环水	4.79	4.45～4.56
3 号循环水	24.92	23.87～24.21
4 号循环水	19.81	18.48～18.79
5 号循环水	4.17	3.54～3.96
6 号循环水	6.95	6.89～7.09
7 号循环水	10.16	9.66～9.84
8 号循环水	0.537	0.49～0.66
9 号给水	0.014	0.008～未检出
10 号给水	0.025	0.020～0.031
11 号给水	0.379	0.351～0.370
12 号给水	0.014	0.030～0.040
13 号给水	0.062	0.052～0.080
14 号给水	2.95	2.85～2.92
15 号给水	1.29	1.24～1.27
16 号给水	0.064	0.05～0.071

ICP 法与电位滴定法用的是两种测定原理完全不同的仪器，ICP 法测定的是钙、镁原子总量，电位滴定法测定水中钙、镁离子总量。对于低硬度水而言，两者测定结果基本相等；对于高硬度水，两者测定结果也较为接近；但对于微量硬度的水样，当硬度低于电位滴定法的检测下限时，两者测定结果差异较大，无可比性。

第四节　氯离子浓度测定的影响因素

一、自动连续检测中 pH 和碱度测定对氯离子浓度测定的影响

1. pH 对氯离子浓度测定的影响

集成检测时，通常用硫酸标准溶液测定全碱度之后（终点 pH ≈ 4.3～4.5）再

进行氯离子浓度测定。为试验 pH 和加入的硫酸对氯离子浓度测定的影响，配置氯离子浓度为 15.5mg/L 和 200.0mg/L 的水样模拟锅炉给水和锅水，分别在 pH ≈ 8.3、pH ≈ 4.5、pH ≈ 2.5、pH ≈ 1 条件下测定氯离子浓度，并进行比较分析，测定结果见表 4-22 和图 4-9。模拟给水和锅水在不同 pH 条件下，氯离子浓度的测定结果都很接近。表明采用电位滴定法测定时，被测液的 pH 不影响氯离子浓度测定结果。

表 4-22   不同 pH 条件下，模拟给水和锅水中 Cl⁻ 浓度的测定结果

pH(25℃)		1.0	2.5	4.2	4.5	4.6	8.3
Cl⁻浓度测定值/(mg/L)	给水 1	15.6	15.5	15.8	16.0	15.6	15.6
	给水 2	15.6	15.6	15.6	15.6	15.6	15.3
	给水 3	15.6	15.3	15.4	15.6	15.6	15.3
	平均值	15.6	15.5	15.6	15.7	15.6	15.4
	锅水 1	200.0	199.8	200.0	201.4	201.0	200.3
	锅水 2	199.6	200.5	200.7	200.3	200.7	200.0
	锅水 3	200.7	200.7	200.4	200.3	201.0	201.4
	平均值	200.1	200.3	200.4	200.7	200.9	200.6

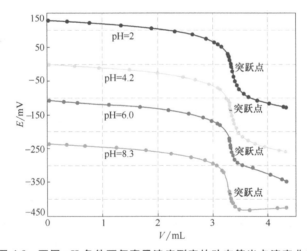

图 4-9   不同 pH 条件下氯离子浓度测定的动态等当点滴定曲线

2. 硫酸滴定碱度对氯离子浓度测定的影响

考虑到硫酸银属于难溶物质，为试验硫酸标准溶液滴定碱度后是否会对后续的氯离子浓度测定造成影响，分别选用硫酸标准溶液和硝酸标准溶液测定碱度后再进行氯离子浓度测定，比对试验的结果见表 4-23。

试验结果表明：用硝酸或硫酸标准溶液测定碱度，对后续的氯离子浓度测定基本没有影响。另一方面，硫酸银的溶度积常数 $K_{sp} = 1.4 \times 10^{-5}$，氯化银的溶度积常

数 $K_{sp} = 1.8 \times 10^{-10}$，两者相差 10^5 倍，硫酸对氯化银沉淀滴定造成的影响微乎其微。

表 4-23　标准溶液对氯离子浓度测定的影响试验结果

碱度测定用酸	硫酸标准溶液				硝酸标准溶液			
试验编号	1	2	3	平均值	1	2	3	平均值
Cl⁻浓度 测定结果/ （mg/L） 1 号水样	11.2	10.4	10.7	10.8	10.6	10.8	10.8	10.7
2 号水样	219.7	217.0	216.6	217.8	217.5	219.3	213.2	216.7
3 号水样	541.7	539.1	536.7	539.2	537.8	536.9	538.4	537.7

二、氯离子浓度测定范围

1. 氯离子浓度测定上限

GB/T 15453—2018《工业循环冷却水和锅炉用水中氯离子的测定》标准规定采用电位滴定法时，氯离子浓度测定范围为 5～1000mg/L，氯离子浓度过高的水样需稀释后测定。在集成检测时，由于 pH 和电导率测定值与稀释倍数不成比例关系，因此水样不能稀释测定，故需要试验高浓度氯离子水样的直接测定对测定结果的影响。

用基准氯化钠分别配置氯离子浓度为 1000mg/L、1500mg/L 和 2000mg/L 的模拟锅水，试验高浓度氯离子水样测定时，大量氯化银沉淀对测定值的影响，结果见表 4-24。

表 4-24　电位滴定法测定高浓度 Cl⁻ 结果

Cl⁻配置浓度/ （mg/L）	Cl⁻浓度实际测定值/（mg/L）					平均相对误差 （%）	相对极差 （%）
	1	2	3	4	平均值		
1000	1005.8	1009.3	1009.3	1006.1	1007.6	0.76	0.35
1500	1495.4	1498.4	1504.1	1495.2	1498.3	−0.11	0.59
2000	1991.8	1994.9	2006.2	2001.2	1998.5	−0.08	0.72

试验结果表明：采用电位滴定法测定氯离子浓度，在氯离子浓度高达 2000mg/L 的情况下，不需稀释，测定结果的平均相对误差和相对极差也能满足要求。但自动连续检测时，标准溶液消耗过多有可能使溶液从滴定杯中溢出。考虑各标准溶液加入总体积和滴定杯的容量，以及大多数锅水氯离子浓度，建议氯离子浓度测定范围上限为 1500mg/L。

2. 氯离子浓度测定下限

用基准氯化钠分别配置氯离子浓度为 2.0mg/L、3.0mg/L 和 5.0mg/L 的水样，硝酸银标准溶液浓度为 $c(AgNO_3) = 0.0998mol/L$，分别采用动态滴定法（加液体积最大 0.2mL、最小 0.005mL）和等量滴定法（每滴加液体积 0.01mL）进行平行测定，结果见表 4-25，滴定曲线如图 4-10 所示。

表 4-25　电位滴定法测定 Cl⁻下限的试验结果

配置 Cl⁻浓度/(mg/L)		2.0		3.0		5.0	
滴定模式		动态滴定	等量滴定	动态滴定	等量滴定	动态滴定	等量滴定
Cl⁻测定浓度/(mg/L)	试验 1	2.36	1.57	3.16	3.10	5.11	4.99
	试验 2	2.27	1.65	3.01	2.98	4.95	4.89
	试验 3	2.00	2.05	3.02	3.04	5.02	4.94
	试验 4	2.25	无效	3.47	2.97	4.90	5.10
	试验 5	1.98	无效	3.08	无效	5.08	5.09
	平均值	2.17	1.76	3.15	3.02	5.01	5.00
标准偏差/(mg/L)		0.17	0.26	0.19	0.06	0.09	0.09
相对标准偏差(%)		7.83	14.77	6.03	2.00	1.80	1.80

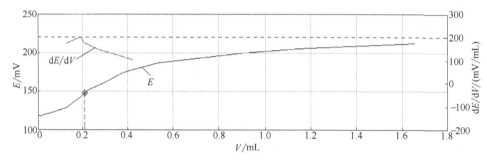

a) Cl⁻浓度为2mg/L水样的滴定曲线

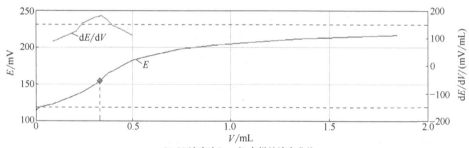

b) Cl⁻浓度为3mg/L水样的滴定曲线

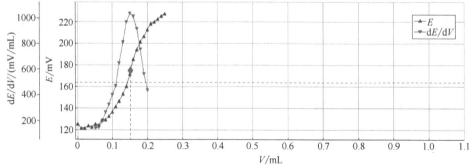

c) Cl⁻浓度为5mg/L水样的滴定曲线

图 4-10　低浓度氯离子动态滴定曲线

通过试验可知，当采用的硝酸银标准溶液浓度为 $c(AgNO_3) = 0.1mol/L$ 时，测定 Cl^- 浓度 ≤3mg/L 的水样，测定结果误差较大；浓度达到 5mg/L 时，测定的准确性和精密度都较为理想。另外，6 家实验室的比对试验结果也表明，Cl^- 浓度在 4mg/L 以上时，能确保测定的重复性和再现性良好。因此推荐 Cl^- 测定下限为 5mg/L。

三、氯离子浓度测定的加标回收率

用基准氯化钠和二级试剂水配置 Cl^- 浓度为 10.00g/L 的标准溶液，进行加标回收率试验。

取三个 1000mL 容量瓶，分别加入 10.00mL、20.00mL、30.00mL Cl^- 浓度为 10.00g/L 的基准溶液；将平行测定 Cl^- 平均值为 208.7mg/L 的锅水倒入容量瓶至刻度，摇匀后进行集成检测的平行测定，计算加标回收率、绝对误差和相对误差，结果见表 4-26。试验结果加标回收率全部达到 99.7% 以上，表明本方法测定氯化物可靠。

表 4-26　氯化物加标回收率的测定结果

试验参数	第一组	第二组	第三组
加基准溶液体积 L/mL	10.00	20.00	30.00
水样 Cl^- 浓度/(mg/L)，$m = 208.7(1000-L)/1000$	206.6	204.5	202.4
加基准 Cl^- 浓度/(mg/L)	100.0	200.0	300.0
加标后平行测定 Cl^- 的平均值/(mg/L)	306.3	404.3	501.9
平均回收率(%)	99.7	99.9	99.8
绝对误差/(mg/L)	-0.3	-0.2	-0.5
相对误差(%)	-0.3	-0.1	-0.2

第五节　硬度测定影响因素分析

一、硬度测定时缓冲溶液的影响试验

传统的硬度测定通常采用 pH = 10±0.1 氨-氯化铵为缓冲溶液，在集成检测中，由于硬度测定时，银电极仍浸入被测液中，因此需考虑缓冲溶液中的氨是否会与银电极反应而影响银电极性能，以及氨是否会与 AgCl 沉淀作用生成络离子而影响测定结果。为此选择氨基乙醇缓冲溶液用于集成检测的硬度测定，并与氨-氯化铵缓冲溶液进行对比试验，同时分别进行仪器自动电位滴定和人工测定的比对。

氨基乙醇缓冲溶液配制：在 400mL 水中加入 55mL 浓盐酸，将此溶液混合均匀后边搅拌边缓慢加入至 310mL 氨基乙醇中，然后转移至 1000mL 容量瓶，稀释至刻度，摇匀。据相关资料查询，一般水样测定硬度时，氨基乙醇缓冲溶液只需加 1mL 即可。考虑到连续检测时，硬度测定在碱度和氯离子浓度测定后进行，此时被测液偏酸性，需试加 1mL 的缓冲溶液是否能够满足测定要求。不同缓冲溶液自动滴定与人工测定硬度的结果见表 4-27，滴定曲线如图 4-11 所示。试验结果表明，加

入 1mL 氨基乙醇缓冲溶液后，虽然能够调整被测液 pH = 10，但硬度测定结果略偏低，且偏差略大，滴定曲线的突跃点也不明显，可能是加入量不足，缓冲能力较弱所致；加入 2mL 氨基乙醇缓冲溶液后，测定数据稳定，结果与采用氨-氯化铵缓冲液的滴定结果基本一致。

表 4-27　不同缓冲溶液自动滴定与人工测定硬度的结果　（单位：mmol/L）

滴定方式	仪器自动滴定					人工滴定			
缓冲溶液	5mL 氨-氯化铵		1.0mL 氨基乙醇	2.0mL 氨基乙醇		2.0mL 氨基乙醇		5mL 氨-氯化铵	
水样	A 样	B 样	A 样	A 样	B 样	A 样	B 样	A 样	B 样
1	1.015	0.142	0.993	1.012	0.137	1.008	0.142	0.998	0.139
2	1.014	0.144	0.939	1.014	0.144	1.015	0.146	1.001	0.141
3	1.010	0.141	0.962	1.010	0.141	1.017	0.147	1.003	0.139
平均值	1.013	0.142	0.965	1.012	0.141	1.013	0.145	1.001	0.140
标准偏差	0.0026	0.0015	0.027	0.0020	0.0035	0.0047	0.0026	0.0025	0.0012

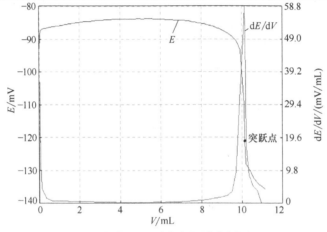

a) 加5.0mL氨-氯化铵缓冲液时的硬度滴定曲线

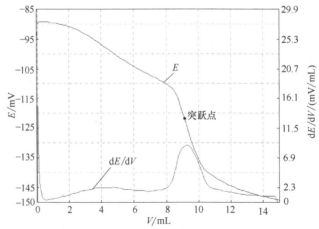

b) 加1.0mL氨基乙醇缓冲液时的硬度滴定曲线

图 4-11　加不同缓冲溶液时硬度测定的滴定曲线

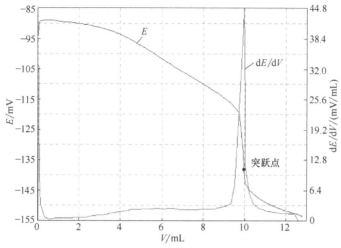

c) 加2.0mL氨基乙醇缓冲液时的硬度滴定曲线

图4-11　加不同缓冲溶液时硬度测定的滴定曲线 （续）

二、氯离子浓度测定对硬度测定的影响

集成检测中，硬度在氯离子浓度之后测定，此时水样中有氯化银沉淀以及为判断突跃点而略滴过量的硝酸银。为了验证 EDTA 标准溶液是否会与其反应，以及加入氨-氯化铵缓冲溶液后形成银-氨络离子或氧化银沉淀等是否会影响硬度测定的准确性，将同一水样用同一电位滴定仪，分别进行单项硬度测定和集成检测的硬度测定进行对比，分别采用氨-氯化铵缓冲溶液和氨基乙醇缓冲溶液，结果见表4-28。测定结果表明，连续测定与单独硬度测定值无明显差异，而且氨对测定也不影响。

表4-28　单项硬度测定与集成检测硬度测定的结果

平行测定试验编号	单项测定硬度/（mmol/L）		集成检测硬度/（mmol/L）	
	加氨-氯化铵缓冲液	加氨基乙醇缓冲液	加氨-氯化铵缓冲液	加氨基乙醇缓冲液
1	0.228	0.229	0.228	0.220
2	0.222	0.224	0.217	0.224
3	0.221	0.218	0.212	0.223
4	0.220	0.220	0.225	0.222
平均值	0.223	0.223	0.220	0.222

三、硬度测定的加标回收率

由于电位滴定法测定硬度时，滴定曲线上会出现两个电位突跃，分别对应钙离子和总硬度的反应终点，因此分别测定并计算钙离子、镁离子和总硬度的回收率。

回收率试验:取某锅炉用水,用自动电位滴定仪进行平行滴定,记录钙硬度 R_{Ca} 和总硬度 R_Y,镁硬度由 $R_{Mg} = R_Y - R_{Ca}$ 计算得出。加标用标准物质采购自中国计量科学研究院,浓度分别为:$c(Ca^{2+}) = 1000.00mg/L$ [相当于 $c(1/2Ca^{2+}) = 49.90mmol/L$];$c(Mg^{2+}) = 1000.00mg/L$ [相当于 $c(1/2Mg^{2+}) = 82.29mmol/L$]。在 1000mL 容量瓶中加入此钙离子和镁离子标准物质各 5.00mL,用已测水样加至刻度后摇匀。再在自动电位滴定仪上平行滴定加标后的水样,记录钙硬度 R'_{Ca}、总硬度 R'_Y,计算镁硬度 R'_{Mg} 及平均回收率。具体检测及计算结果见表 4-29 和表 4-30。

试验结果表明:采用电位滴定法测定硬度,钙离子平均加标回收率为 103%,略高于理论值;镁离子平均加标回收率为 95.5%,稍低于理论值;总硬度测定平行性较好,回收率达到 98.5%,符合相关标准要求。

表 4-29 硬度加标回收率测定结果　　　　　　　　　（单位:mmol/L）

试验编号	加标前水样检测结果			加标后水样检测结果		
	钙硬度 R_{Ca}	镁硬度 R_{Mg}	总硬度 R_Y	钙硬度 R'_{Ca}	镁硬度 R'_{Mg}	总硬度 R'_Y
1	0.220	0.223	0.443	0.481	0.610	1.091
2	0.215	0.226	0.441	0.480	0.609	1.089
3	0.227	0.213	0.440	0.469	0.620	1.089
4	0.215	0.226	0.441	0.479	0.612	1.091
5	0.217	0.225	0.442	0.467	0.623	1.090
平均值	0.219	0.223	0.441	0.475	0.615	1.090
标准差	0.005	0.006	0.001	0.007	0.006	0.001

表 4-30 硬度加标回收率计算结果

计算参数	钙硬度	镁硬度	总硬度
加标前水样测定平均硬度 R^0/(mmo/L)	0.219	0.223	0.442
加标后水样原有硬度($R = R^0 \times 0.995$)/(mmo/L)	0.218	0.222	0.440
加标基准硬度 $R_{标准}$/(mmo/L)	0.2495	0.4114	0.6609
加标后测定平均硬度 R'/(mmo/L)	0.475	0.615	1.090
平均回收率[$RD = (R' - R) * 100/R_{标准}$](%)	103.0	95.5	98.4

第六节　集成检测的其他干扰因素

一、pH 电极中 KCl 填充液对氯离子浓度测定的影响

在集成检测过程中,pH 电极与其他电极一起浸泡于被测水样中,由于电极的

填充液为 KCl，其中的 Cl^- 有可能通过隔膜渗透到待测液中，从而影响氯离子浓度的测定。为此，将 pH 电极分别在含不同 Cl^- 浓度的 3 组水样中各浸泡 15min、30min 后再进行平行测定，将测定的平均值与未经浸泡的测定平均值比较，结果见表 4-31。

表 4-31　集成检测时 pH 电极中 KCl 填充液对水样 Cl^- 浓度测定的影响

项目		溶液 1	溶液 2	溶液 3
浸泡前 Cl^- 测定平均值/（mg/L）		3.27	15.43	201.43
浸泡 15min 后测定 Cl^- 浓度	平均值/（mg/L）	3.92	16.00	201.70
	偏高量/（mg/L）	0.65	0.57	0.27
	相对误差（%）	19.88	3.69	0.13
浸泡 30min 后测定 Cl^- 浓度	平均值/（mg/L）	4.15	16.48	202.74
	偏高量/（mg/L）	0.88	1.05	1.31
	相对误差（%）	26.91	6.80	0.65

试验结果表明：pH 电极填充液中的 Cl^- 通过隔膜渗透到溶液中的量随时间延长而增加，如图 4-12 所示。因此若浸泡时间过长，对氯离子浓度较低水样检测的影响会比较明显，对氯离子浓度较高的水样，检测结果的相对误差并不大。由于一般水样能在 10min 内完成检测，且大多数工业锅炉用水和循环冷却水的氯离子浓度不会很低，因此 pH 电极中的 KCl 填充液对检测影响不大。

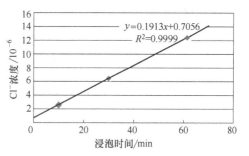

图 4-12　pH 电极在水中浸泡时间与填充液中 Cl^- 渗出量的关系

二、水样中阻垢剂的影响

工业锅炉和循环冷却水处理中常用的阻垢剂有碳酸钠、磷酸三钠、氢氧化钠以及有机聚羧酸盐和聚磷酸盐等。水质集成检测时，氯离子浓度的测定在全碱度测定后进行，此时 pH 为 4.2~4.5，碳酸根与酸反应生成二氧化碳和水，氢氧化钠则被中和，其影响已基本消除。因此分别测试含有磷酸根和有机阻垢剂的水样在酸性或偏酸性条件下对氯离子浓度测定的影响。

1. 磷酸盐的影响

用基准氯化钠、碳酸钠、磷酸三钠和二级试剂水配置一组含磷酸盐阻垢剂的模拟锅水，其中氯离子浓度均为 200.0mg/L，磷酸根浓度分别为：25mg/L、50mg/L、100mg/L、200mg/L、250mg/L。设置全碱度滴定终点的 pH 为 4.5，进行碱度与氯离子浓度连续检测，试验结果见表 4-32。

表 4-32　不同磷酸盐浓度的模拟锅水在 pH=4.5 条件下 Cl⁻ 浓度测定结果

磷酸盐浓度/(mg/L)		0	25	50	100	200	250
Cl⁻ 浓度 测定值/ (mg/L)	1	200.1	199.4	201.2	201.2	200.8	200.7
	2	200.3	200.7	200.1	201.4	201.2	201.0
	平均值	200.2	200.0	200.7	201.3	201.0	200.9

试验结果表明：在 pH 为 4.5 的条件下，水样中的磷酸盐对氯离子浓度的测定几乎不影响。按照 GB/T 1576—2018《工业锅炉水质》标准的规定，锅水磷酸根浓度最高为 50mg/L，因此实际锅水检测中磷酸根浓度对测定氯离子浓度的影响可以忽略不计。

2. 复合有机阻垢剂的影响

（1）有机阻垢剂浓度的影响　选用含有聚羧酸盐和多元磷酸盐的有机阻垢剂，锅炉水处理时推荐加药量为 0.1kg/t。在一组氯离子浓度为 200.0mg/L 的水样中加入该阻垢剂，配制成阻垢剂的质量分数分别为 0.005%、0.01%、0.02%、0.05%、0.1% 的模拟锅水，在测定全碱度之后（pH=4.5），试验不同含量有机阻垢剂对氯离子浓度测定的影响，测定结果见表 4-33。

表 4-33　不同含量有机阻垢剂的模拟锅水在 pH=4.5 条件下 Cl⁻ 浓度测定结果

有机阻垢剂质量分数(%)		0	0.005	0.01	0.02	0.05	0.10
Cl⁻ 浓度测定值/ (mg/L)	1	198.9	201.4	202.4	202.8	201.7	204.6
	2	200.0	201.4	201.4	202.4	203.5	203.5
	平均值	199.45	201.40	201.90	202.60	202.60	204.05
与无阻垢剂相比偏高率(%)		—	1.0	1.2	1.6	1.6	2.3

试验结果表明：氯离子浓度测定值随着有机阻垢剂浓度的增加而有所偏高，其原因可能是有机聚羧酸盐和多元膦酸等物质与 Ag^+ 反应造成干扰，也不排除阻垢剂中含有氯离子而使得测定结果偏高。

（2）有机阻垢剂在不同 pH 条件下的影响　配置一组氯离子浓度为 200.0mg/L 和复合有机阻垢剂的质量分数为 0.1% 的模拟锅水，用硫酸标准溶液分别调节其 pH 为 4.5、3.0、2.5 和 1.0，进行氯离子浓度测定的干扰试验，结果见表 4-34。

表 4-34　含有有机阻垢剂的模拟锅水在不同 pH 条件下 Cl⁻ 浓度测定结果

有机阻垢剂质量分数(%)		0	0.1	0.1	0.1	0.1
pH		4.5	4.5	3.0	2.5	1.0
Cl⁻ 浓度测定值/ (mg/L)	1	200.8	204.2	201.1	201.7	201.8
	2	199.9	203.9	201.6	201.8	201.8
	平均值	200.4	204.0	201.4	201.8	201.8
与无阻垢剂相比偏高率(%)		—	1.8	0.5	0.7	0.7

试验结果表明，当 pH≤3.0 时，含聚羧酸盐和磷酸盐的复合有机阻垢剂对氯离子测定影响已很小，且 pH=3.0 和 pH=1.0 条件下测定结果无明显差异。

三、清洗设置的影响

采用自动进样器对批量水进行测定时，将同一水样放置在第一测定位和最后测定位，中间测定浓度较高的锅炉水样，根据同一水样前后测定的差值判断电极清洗干净程度对测定结果的影响。

1. 清洗方法一

设置自动进样器中的 15 号位为电极浸泡清洗位，每个样品检测结束后，先在已测样品位上冲洗电极，再将电极转到 15 号位浸泡后冲洗，然后继续下一个样品检测。

2. 清洗方法二

设置自动进样器中的 15 号位和 14 号位为电极浸泡清洗位，每个样品检测结束后，先在已测样品位上冲洗电极，然后电极转到 15 号位浸泡冲洗，再到 14 号位浸洗、冲洗，再继续下一个样品的检测。方法二比方法一增加 1 次浸洗和冲洗，可使电极清洗更为干净。

1）配置氯离子浓度为 1500mg/L、1000mg/L 和 15.5mg/L 的水样，将高浓度和低浓度水样间隔放置。第一批测定设置清洗方法二；第二批测定设置清洗方法一，通过高浓度水样与低浓度水样间隔测定，试验不同清洗条件及其清洗效果的影响，结果见表 4-35。

表 4-35　不同清洗条件下 Cl⁻ 测定值　　　　　　（单位：mg/L）

检测位序	1 号	2 号	3 号	4 号	5 号	6 号	7 号	8 号
清洗方法二	1495.4	15.5	1491.0	15.6	1490.7	15.5	1495.2	15.5
清洗方法一	1005.8	15.5	1009.3	15.9	1009.3	16.2	1006.1	16.2

表 4-35 测定结果显示，采用清洗方法二时，高浓度水样测定后再测定低浓度水样，平行性很好，说明电极清洗较为干净；采用清洗方法一时，后几组低浓度水样的测定结果略有增加。由此证实，清洗方法二比方法一的清洗效果更好，对测定影响小。

2）将已知氯离子浓度为 300mg/L 和 37.5mg/L 的水样与其他水样分批置于自动进样器中，每批测定时将 Cl⁻ 浓度为 300mg/L 的水样分别放在 1 号和 13 号位；在另一组试验中将 Cl⁻ 浓度为 37.5mg/L 的水样放置在 1 号、2 号和 13 号位，中间放置其他锅水或给水，选择清洗方法二。试验同一个水样在首位测定与末位测定的一致性，结果见表 4-36。测定结果表明，采用清洗方法二时，同一水样放置在第一位与最后一位对测定结果影响很小。

表 4-36   连续检测时同一水样在首位与末位的 Cl⁻ 测定值

（单位：mg/L）

水样	锅水						给水					
批次	1		2		3		1			2		
位序	1 号	13 号	1 号	13 号	1 号	13 号	1 号	2 号	13 号	1 号	2 号	13 号
测定值	298.1	297.7	298.4	297.4	297.7	298.8	37.2	37.2	37.2	37.2	37.6	37.2

第七节 电导率及固导比

一、电导率回收率

在不同实验室进行集成检测的比对试验时，有的锅炉水样测定结果实验室之间电导率误差较大，为了确定集成检测时电导率测定的准确性，进行电导率回收率试验。

1. 回收率试验方法

用多功能自动电位滴定仪准确测定从某锅炉采集的锅水电导率，平行测定 20 次，平均值为 2767μS/cm。准确称取基准氯化钾 1.4912g，以该已测锅水为溶剂，溶解后用 1L 容量瓶定容至刻度，摇匀后测定该加标后的锅水电导率，平行测定 4 次，记录测定值。

2. 电导率回收率计算

1.4912g 氯化钾溶解至 1.00L，其加标浓度为 0.0200mol/L。查得 25℃ 时，$c(KCl) = 0.0200mol/L$ 溶液的理论电导率为 2240μS/cm。即加标量 $R_{标准} = 2240μS/cm$，根据公式 $RD = (R' - R) \times 100/R_{标准}$，计算加标回收率，结果见表 4-37。试验结果表明，平均回收率为 102%，且平行性较好，说明该电导率检测方法可靠。

表 4-37   电导率回收率计算表

试验次序	电导率/(μS/cm)			
	加标前平均电导率 R	加标后电导率 R′	电导率增加量	回收率 RD(%)
1		5048	2281	101.8
2		5051	2284	102.0
3	2767	5053	2286	102.1
4		5055	2288	102.1
平均值		5052	2285	102.0

二、固导比

（一）被测水样离子成分对电导率测定的影响

电导率的测定原理主要是根据电解质（酸、碱、盐）溶解在水中后电离成具有导电性的正、负离子，其导电能力大小用电导率表示。通过测定水溶液的电导率，通常可反映出水中离子浓度。但不同的离子当其所带电荷数不同、导电时定向迁移速度不同时，其表现的导电能力不同。因此电解质浓度相同的水溶液，若电解质成分不同，则测得的电导率并不相同。部分常见离子在 25℃ 无限稀释水溶液中的摩尔电导率 λ_0（$S \cdot cm^2/mol$）见表 4-38。

表 4-38　部分常见离子在 25℃ 无限稀释水溶液中的摩尔电导率

阳离子	H^+	Na^+	$1/2Mg^{2+}$	$1/2Ca^{2+}$	$1/2Fe^{2+}$	$1/3Fe^{3+}$
$\lambda_0^+/(S \cdot cm^2/mol)$	349.7	50.1	53.1	59.5	53.5	68.5
阴离子	OH^-	Cl^-	HCO_3^-	$1/2CO_3^{2-}$	$1/2SO_4^{2-}$	$C_2H_5COO^-$
$\lambda_0^-/(S \cdot cm^2/mol)$	199	76.3	44.5	72	79.8	31

电导率越大的离子，导电能力越强，其测得的电导率也越大。从表 4-38 可知，大多数阳离子的电导率相差不大，只有 H^+ 电导率比其他阳离子要大数倍；阴离子电导率的差异比阳离子大，OH^- 的电导率比 H^+ 低，但也比其他阴离子大 2～6 倍；有机盐离子的电导率往往较小。因此相同盐含量的水样，若 pH 相差较大时，电导率的测定值会有很大的不同，往往是酸性水最大，其次是碱性水，而中性水则比较接近。中性水中的盐含量与电导率之间往往存在着近似的比值关系，通过测定电导率可以反映出水中的盐含量。对于酸性或碱性水，为避免 H^+ 或 OH^- 对盐含量评估的影响，电导率测定时需预先中和水样。不过应注意的是，对于采用无机阻垢剂进行锅内加药水处理的锅炉来说，测定锅水电导率时，宜中和至 pH≈8.3，而不是 pH≈7。这是由于锅水中的氢氧根和碳酸根的中和反应：$OH^- + H^+ = H_2O$；$CO_3^{2-} + H^+ = HCO_3^-$，反应终点 pH≈8.3，这时硫酸的加入，虽然增加了 SO_4^{2-}，但同时将电导率大的 OH^- 变成了电导率较小的 HCO_3^-，所以实际测得的电导率是降低的，但如果中和至 pH≈7 或更低，则有可能因盐含量和 H^+ 的增加而使电导率增高。

（二）固导比测定

根据 GB/T 1576—2018《工业锅炉水质》标准要求，为了确保蒸汽质量，需要监测和控制锅水溶解固形物浓度。传统的重量法测定溶解固形物浓度不仅操作繁杂，而且比较费时，效率低。由于锅水中溶解固形物成分大多以电解质为主，因此通过测定电导率来估算溶解固形物浓度，较为简单、快捷，效率高。但由于地区、原水类型、水处理方式及水处理药剂的不同，锅水的碱性大小和离子成分等差异较大，往往导致溶解固形物浓度与电导率比值的不同，从而使得溶解固形物浓度相同的水样，电导率测定值可能相差较大，反之亦然。为了探索不同情况下锅水中溶解固形物浓度与电导率比值关系（以下简称固导比）的规律，以求集成检测时，通过设置固导比，使仪器能够根据锅水电导率的测定结果，自动推算溶解固形物浓度。

据调研统计，一般工业锅炉的锅水中常见的主要离子为 Na^+、Cl^-、CO_3^{2-}、

OH^-，少量的 PO_4^{3-}、SO_4^{2-}、Ca^{2+}、Mg^{2+}、SiO_3^{2-} 等，加有机阻垢剂处理的，还含有机酸根离子。只是不同原水、不同水处理方式，离子成分的比例不同。因此用分析纯 $NaCl$、Na_2CO_3、$NaOH$、$Na_3PO_4 \cdot 12H_2O$、Na_2SO_4 等试剂以及有机阻垢剂，根据锅内水处理、锅外水处理及水处理不良等不同状况下的锅水特性，按不同离子浓度的比例配置已知溶解固形物浓度的模拟锅水，进行固导比的测定研究。其方法：按不同比例准确称取上述试剂，配置成高浓度的模拟锅水，再模拟不同排污率的锅水，将此溶液按一定比例稀释，配置成一组浓度不同的水样，用自动电位滴定仪分别测定其电导率、pH、酚酞碱度、中和电导率、全碱度，根据配置所加试剂的称量及稀释倍数计算出每个水样的溶解固形物浓度，计算固导比；将固导比与电导率值绘制曲线，得出线性回归方程。

1. 采用无机阻垢剂进行锅内加药处理的 A 组锅水

这类水的特点是，阻垢剂以碳酸钠为主，部分碳酸钠在高温下水解生成氢氧化钠。本次试验锅水中 $OH^- : CO_3^{2-} \approx 1 : 1.5$，A 组锅水水质测定结果及固导比计算见表 4-39，固导比与电导率曲线图及回归方程如图 4-13 所示。

表 4-39 A 组锅水水质测定结果及固导比计算

序号	溶解固形物浓度/（mg/L）	pH（25℃）	酚酞碱度/（mmol/L）	全碱度/（mmol/L）	中和前电导率/（μS/cm）	中和后电导率/（μS/cm）	中和前固导比	中和后固导比
1	250	11.04	1.44	2.17	594	491	0.42	0.51
2	500	11.30	2.83	4.27	1152	937	0.43	0.53
3	1000	11.57	5.60	8.50	2235	1775	0.45	0.56
4	2000	11.82	11.09	16.95	4333	3232	0.46	0.62
5	2500	11.88	13.75	21.17	5285	3958	0.47	0.63
6	3000	11.94	16.50	25.54	6222	4570	0.48	0.66
7	3500	11.99	18.99	29.48	7085	5124	0.49	0.68
8	4000	12.04	21.61	33.62	8094	5706	0.49	0.70
9	4500	12.08	24.29	37.82	8944	6189	0.50	0.73
10	5000	12.10	27.06	42.22	9750	6720	0.51	0.74

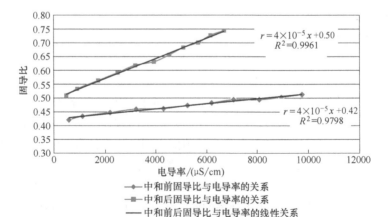

图 4-13 A 组锅固导比与电导率曲线图及回归方程

2. 采用有机阻垢剂进行锅内加药处理的 B 组锅水

这类水的特点是，阻垢剂以聚羧酸盐和多元磷酸盐为主，锅水中 OH^- 含量很低，但由于原水中存在的碳酸氢盐在锅水中水解，以及为调节锅水 pH 而加入少量碱。本次试验水样中 $OH^- : CO_3^{2-} \approx 1 : 2$。B 组锅水水质测定结果及固导比计算见表 4-40，固导比与电导率曲线图及回归方程如图 4-14 所示。

表 4-40　B 组锅水水质测定结果及固导比计算

序号	溶解固形物浓度/（mg/L）	pH（25℃）	酚酞碱度/（mmol/L）	全碱度/（mmol/L）	中和前电导率/（μS/cm）	中和后电导率/（μS/cm）	中和前固导比	中和后固导比
1	250	10.72	0.72	1.45	511	460	0.49	0.54
2	500	11.00	1.46	2.92	1005	893	0.50	0.56
3	1000	11.26	2.91	5.70	1948	1710	0.51	0.58
4	1500	11.42	4.36	8.50	2847	2468	0.53	0.61
5	2000	11.51	5.79	11.35	3808	3186	0.53	0.63
6	2500	11.58	6.89	13.48	4462	3799	0.56	0.66
7	3000	11.65	8.48	16.63	5440	4553	0.55	0.66
8	3500	11.71	9.88	19.33	6248	5188	0.56	0.67
9	4000	11.76	11.38	22.14	7067	5798	0.57	0.69
10	5000	11.84	14.08	27.53	8700	6966	0.57	0.72

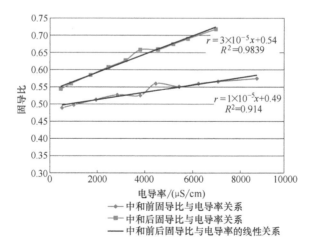

图 4-14　B 组锅水固导比与电导率曲线图及回归方程

3. 碱度以 OH^- 为主的 C 组锅水

这种锅水常见于原水碱度很低的南方地区，为提高锅水 pH 和碱度而加入氢氧化钠和碳酸钠，或者采用锅外水处理除去了硬度，锅水中的碳酸钠以水解反应为主，使得氢氧化钠含量较高。本次试验锅水中 $OH^- : CO_3^{2-} \approx 1 : 0.2$，C 组锅水水质测定结果及固导比计算见表 4-41，固导比与电导率曲线图及回归方程如图 4-15所示。

表 4-41　C 组锅水水质测定结果及固导比计算

序号	溶解固形物浓度/（mg/L）	pH（25℃）	酚酞碱度/（mmol/L）	全碱度/（mmol/L）	中和前电导率/（μS/cm）	中和后电导率/（μS/cm）	中和前固导比	中和后固导比
1	233	11.61	2.03	2.23	751	505	0.31	0.46
2	466	11.89	4.51	4.84	1500	973	0.31	0.48
3	933	12.16	8.04	8.74	2901	1788	0.32	0.52
4	1400	12.30	11.89	12.94	4303	2507	0.33	0.56
5	1866	12.41	16.15	17.51	5708	3216	0.33	0.58
6	2332	12.48	19.81	21.56	6956	3884	0.34	0.60
7	2799	12.54	23.77	26.00	8172	4424	0.34	0.63
8	3266	12.59	28.07	30.77	9552	4995	0.34	0.65
9	3732	12.63	31.91	35.00	10818	5483	0.34	0.68
10	4665	12.68	34.50	38.27	13234	6364	0.35	0.73

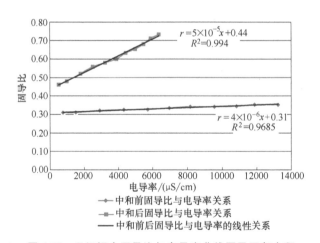

图 4-15　C 组锅水固导比与电导率曲线图及回归方程

4. 锅水碱度过低或水处理不良的 D 组锅水

这类水特点是 $OH^- \approx 0$，常见于锅内加药水处理时加药量不足、锅外水处理硬度未除去，或者因原水碱度很低，虽除去硬度，但未加碱，使得锅水浓缩后碱度仍然很低。本次试验模拟锅水中溶解固形物以氯化钠为主，1 号~7 号水样加少量碳酸钠；8 号~10 号水样增加氯化钙和硫酸镁，未加碳酸钠，但含少量碳酸氢钠。D组锅水水质测定结果及固导比计算见表 4-42，固导比与电导率曲线如图 4-16所示。

从 D 组锅水的试验数据可知，当水中的 $OH^- \approx 0$ 时，中和前后电导率值相差不大；盐类组成相近时，固导比基本不受浓度变化的影响，组成不同时，固导比略有变化，但基本也在 0.5~0.7 区间。

表 4-42　D 组锅水水质测定结果及固导比计算

序号	溶解固形物浓度/（mg/L）	pH（25℃）	酚酞碱度/（mmol/L）	全碱度/（mmol/L）	中和前电导率/（μS/cm）	中和后电导率/（μS/cm）	中和前固导比	中和后固导比
1	250	10.72	0.73	1.50	506	468	0.49	0.53
2	416	10.76	0.73	2.23	828	775	0.50	0.54
3	544	10.74	0.71	1.46	1074	1022	0.51	0.53
4	769	10.70	0.76	1.54	1503	1451	0.51	0.53
5	923	10.68	0.69	1.44	1794	1742	0.51	0.53
6	1082	10.64	0.69	1.44	2094	2041	0.52	0.53
7	1251	10.61	0.66	1.44	2418	2364	0.52	0.53
8	1453	10.57	0.67	1.46	2779	2728	0.52	0.53
9	2481	7.55	0	0.15	4744	—	0.52	—
10	2881	7.65	0	0.18	4838	—	0.60	—
11	3459	7.92	0	1.12	4998	—	0.69	—

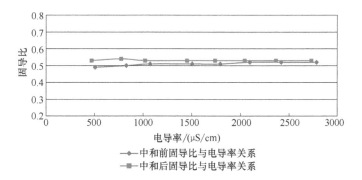

图 4-16　D 组锅水固导比与电导率曲线

通过上述系列试验的测定结果，可总结出以下几点规律。

1）水样中 OH^- 对电导率测定值和固导比的影响很大，OH^- 占比越大，中和前后电导率测定值和固导比相差越大，如 C 组锅水，中和后电导率测定值几乎是中和前的 1/2；OH^- 占比小的水样，如 B 组和 D 组锅水，中和前后电导率及固导比相差不大。

2）除 OH^- 外，其他离子的浓度变化对固导比影响不大。例如 D 组锅水，pH 和碱度相同的水样，固导比基本相同。

3）中和前的固导比受 OH⁻占比影响较大，OH⁻占比相同时，锅水浓度的变化对固导比影响较小，但 OH⁻占比不同的水样，固导比差异较大。中和后的固导比随锅水浓度增大而变大，但由于中和后基本消除了 OH⁻影响，因此浓度相近的锅水，中和前后固导比基本相同。不同浓度的各类锅水，中和后的固导比基本在 0.5~0.7 区间。

4）设电导率为 x，溶解固形物浓度为 y，固导比为 r，综合各类水样试验结果，中和后固导比的回归方程近似为：$r = 4 \times 10^{-5}x + 0.5$，将该公式代入溶解固形物浓度的估算式：$y = xr$，得估算式：$y = 4 \times 10^{-5}x^2 + 0.5x$。在仪器中设置此估算式，测定水样电导率后，即可估算出溶解固形物的浓度。

第五章

集成检测精密度

第一节　精密度分析方法

精密度是指测试结果的一致性，集成检测法精密度分析遵循的是 GB/T 6379.2《测量方法与结果的准确度（正确度与精密度）　第 2 部分：确定标准测量方法重复性与再现性的基本方法》，本章对精密度试验的要求、过程以及分析结果进行说明。

一、精密度试验的要求

1. 试验安排

试验联合了 6 个不同的实验室，分别寄送不同批次的样品给 6 个实验室。每个实验室按照相同的测试方法在重复性条件下对每一水平（"水平"指样品中某类物质浓度的大小或某一特性指标的大小）得到同样的 n 次重复性测试结果。各个实验室约定并遵循以下规则。

1）每个实验室的电位滴定仪按照规定的方法进行设置和校准。

2）对同一样品同一批次的检测应在重复条件下进行，即在短暂的时间间隔内，由同一台电位滴定仪进行检测，测量过程中不允许中断对设备进行重新校准或参数设置。

3）由于 6 个实验室相距较远，水样寄送存放的时间可能会影响水样的各个指标，要求每个实验室试验时尽量保持在同一个时间段内进行。

4）同一水平同一组的 n 个测量，取样操作等会影响检测结果的应由同一个操作员操作，不同组水样的测量可以由不同的操作员进行操作。

2. 水样及试剂准备

1）各提供水样样品的实验室应选取符合要求的试样瓶，并且密封不泄漏，数量应能满足检测所需的量，而且有适当的储备。

2）在进行正式的精密度试验前，各实验室寄送水样进行初步的比对试验，以验证本集成检测方法是否可取。

3）水样在分装时应摇匀，特别是循环冷却水分装时要保证各个水样的均匀性。

二、对测量人员的要求

1. 测量负责人

1）每个参与试验的实验室应指定一名成员负责实际测量的组织、按执行负责人的指令工作并报告测试结果。

2）确保所选的操作员在日常操作中能正确地进行测量。

3）按执行负责人的指令把样本分发给操作员。

4）对测量的执行进行监管（测量负责人不应参与测量操作）。

5）确保操作员进行规定次数的测量。

6）确保测量工作按时间进度进行。

7）收集测试结果，确保结果记录的小数位数一致，并收集测试中遇到的任何困难、异常现象和操作员反映的意见。

8）记录在测量期间发生的任何非常规或干扰的信息，包括可能发生的操作员变更，指明哪位操作员做了哪些测量，对任何数据缺失原因进行说明。

9）做好水样收到的日期、检测日期等信息的记录，并汇总测试数据给负责人。

2. 操作员

1）在每个实验室中，测量应该由一个选定的操作员完成，该操作员应熟悉自动电位滴定仪的操作。

2）操作员应按照给定的测试方法对水样进行检测，如有不一致的测量结果不应立即丢弃，应该分析原因，或重测以确定是否为偶然因素导致，再对检测结果进行处理。

3）操作员可以指出试验说明是否足够明确，对在检测过程中发现检测方法不够明确的地方提出建议，操作员应在遇到的任何不能按试验说明进行测试的情况时立即报告。

三、精密度统计分析

1. 初步考虑

1）对数据进行检查，以判别和处理离群值或其他不规则数据，并检验模型的合适性。

2）对每个水平分别计算精密度和平均值的初始值。

3）确定精密度和平均值的最终值，且在分析表明精密度和每一水平平均值 X 之间可能存在某种关系时，建立它们之间的关系。

4）对每个水平，计算重复性方差 S_r^2 和平均值 X 的估计值。

2. 数据的处理

（1）单元 一个实验室和一个水平的组合称为精密度试验的一个单元。一项有 p 个实验室和 q 个水平的试验，列成 pq 个单元的表，每个单元包含 n 次重复测试结果，以此来计算重复性标准差和再现性标准差。由于多余数据、缺失数据和离群值的发生，这种理想情况在实际中并不总是能够得到的。

（2）多余数据 有时一个实验室可能进行且报告了多于正式规定的 n 个测试结果。在此情形下，测量负责人应报告为什么会这样？哪些是正确的测试结果？如果答案是这些测试结果都是同样有效的，则宜在这些测试结果中随机抽取原定数量的数据用于分析。

（3）缺失数据 一些测试结果可能缺失，例如因为样本的丢失或在测量时操作的失误。

（4）离群值 离群值是原始测试结果或由此生成的一些数值，与其他测试结果或同样产生的其他数值相差很大，不一致。经验表明，离群值不能完全避免，须与缺失数据做同样处理。

（5）离群实验室 当某个实验室在几个不同水平出现无法解释的非正常测试结果，在所测试水平下，实验室内方差和（或）系统误差过大时，可将它作为离群实验室。有理由舍弃离群实验室的部分或全部数据。

（6）错误数据 有明显错误的数据应进行核查并予以更正或剔除。

3. 测试结果的一致性和离群值检查

根据对多个水平获得的数据，即可对重复性标准差和再现性标准差进行估计。由于个别实验室或数据可能与其他实验室或其他数据明显不一致，从而影响估计，必须对这些数值进行检查。为此介绍以下两种方法。

（1）检验一致性的图方法 该方法需用到称为曼德尔的 h 统计量和 k 统计量。除用来描述测量方法的变异外，这两个统计量对实验室评定也是有用的。

1）对每个实验室的每个水平，计算实验室间的一致性统计量 h，方法是用单元对平均值的离差（单元平均值减去该水平的总平均值）除以单元平均值的标准差。

$$h_{ij} = \frac{\bar{x}_{ij} - \bar{\bar{x}}_j}{\sqrt{\dfrac{1}{p_j - 1} \sum_{i=1}^{p_j} (\bar{x}_{ij} - \bar{\bar{x}}_j)^2}} \tag{5-1}$$

式中 h_{ij}——第 i 个实验室在水平 j 的实验室间的一致性统计量；

$\bar{x}_{ij}$——第 i 个实验室在水平 j 的测试结果的单元平均值；

$\bar{\bar{x}}_j$——水平 j 的所有实验室测试结果的总平均值；

p_j——在水平 j 至少有一个测试结果的实验室数。

$$\bar{x}_{ij} = \frac{1}{n_{ij}} \sum_{k=1}^{n_{ij}} x_{ijk} \tag{5-2}$$

式中 x_{ijk}——第 i 个实验室在水平 j 的第 k 个测试结果；

n_{ij}——第 i 个实验室在水平 j 的测试结果数。

总平均值 X_j 为

$$X_j = \bar{\bar{x}}_j = \frac{\displaystyle\sum_{i=1}^{p_j} n_{ij}\bar{x}_{ij}}{\displaystyle\sum_{i=1}^{p_j} n_{ij}} \tag{5-3}$$

式中 $\bar{\bar{x}}_j$——在水平 j 所有实验室测试结果的总平均值；

$\bar{x}_{ij}$——第 i 个实验室在水平 j 的测试结果的单元平均值；

n_{ij}——第 i 个实验室在水平 j 的测试结果数；

p_j——在水平 j 至少有一个测试结果的实验室数。

将 h_{ij} 的数值，按实验室顺序，以每个实验室的不同水平为一组描点作图。

2）对每个实验室 i，计算实验室内的一致性统计量 k，方法是先对每个水平 j 计算联合单元内标准差 $\sqrt{\dfrac{\sum s_{ij}^2}{p_j}}$；然后对每个实验室的每个水平计算 k_{ij}。

$$k_{ij} = \frac{s_{ij}\sqrt{p_j}}{\sqrt{\sum s_{ij}^2}} \tag{5-4}$$

式中 s_{ij}——第 i 个实验室在水平 j 的标准差；

p_j——在水平 j 至少有一个测试结果的实验室数。

将 k_{ij} 的数值按实验室顺序，以每个实验室的不同水平为一组，描点作图。

（2）检验离群值的数值方法

1）用 GB/T 6379.2—2004 标准中 7.3.3 和 7.3.4 中推荐的检验判别歧离值或离群值。

① 如果检验统计量小于或等于 5% 临界值，则接受检验的项目为正确值。

② 如果检验统计量大于 5% 临界值，但小于或等于 1% 临界值，则称被检验的项目为歧离值，且在右上角用单星号（＊）标出。

③ 如果检验统计量大于 1% 临界值，则被检验的项目称为统计离群值，且在右上角用双星号（＊＊）标出。

2）调查歧离值与统计离群值是否能用某些技术错误来解释，如：测量时的失误、计算错误、登录测试结果时的简单书写错误、错误样本的分析。

当错误属于计算或登录类型时，应用正确的值来代替可疑的结果；当错误来自对错误样本分析时，应用正确单元的结果代替。在进行这样的更正以后，应再一次考察歧离值和离群值。如果不能用技术错误解释，从而不能对它们进行更正时，宜将这些值作为真正的离群值予以剔除，真正的离群值属于不正常的测试结果。

3）当歧离值和（或）统计离群值不能用技术错误解释或它们来自某个离群实验室时，歧离值仍然作为正确项目对待而保留；而统计离群值则应被剔除，除非统计专家有充分理由决定保留它们。

柯克伦检验是对实验室内变异的检验，应该首先应用。若因此采取了任何行动，就有必要再次对剩下的数据进行检验。格拉布斯检验主要是对实验室间变异的检验，但当 n 大于 2 且柯克伦检验怀疑一个实验室内较高的变异是来自某个测试结果时，格拉布斯检验也可用来对该单元的数据进行检验。

4. 柯克伦（Cochran）检验

柯克伦检验是仅对一组标准差中的最大值进行检验，是一种单侧离群值检验。由于受原始数据修约的影响，标准差可能相对较小，因而并不可靠。另外，一个比其他实验室精密度都要高的实验室的数据不应该被剔除，因此柯克伦准则是合理的。

如果最大标准差经检验判为离群值，应将该值剔除而对剩下的数据再次进行柯克伦检验，此过程可以重复进行。但是当分布为近似正态分布的假定没有充分满足时，这样有可能导致过度的数据剔除。仅在没有同时检验多个离群值的统计检验时重复应用柯克伦检验。柯克伦检验不是为同时检验多个离群值而设计的，因此在下结论时要格外小心。当有两个或三个实验室的标准差都比较高，尤其是如果这是在一个水平内得出的时候，由柯克伦检验得出的结论应该仔细核查。另一方面，如果在一个实验室的不同水平下发现多个歧离值和（或）统计离群值，这表明该实验室的室内方差非常高，来自该实验室的全部数据都应该被剔除。具体的计算参照 GB/T 6379.2—2004 标准中 7.3.3 的内容。

5. 格拉布斯（Grubbs）检验

（1）一个离群观测值情形　给定一组数据 x_i，$i=1$，2，$\cdots p$，将其按其值大小升序排列成 $x_{(i)}$，为检验最大观测值 $x_{(p)}$ 是否为离群值，计算格拉布斯统计量 G_p：

$$G_p = (x_{(p)} - X)/s \tag{5-5}$$

$$X = \frac{1}{p}\sum_{i=1}^{p} x_{(i)} \tag{5-6}$$

$$s = \sqrt{\frac{1}{p-1}\sum_{i=1}^{p}(x_{(i)} - X)^2} \tag{5-7}$$

为检验最小观测值 $x_{(1)}$ 是否为离群值，则计算格拉布斯统计量

$$G_1 = (X - x_{(1)})/s \tag{5-8}$$

1）如果检验统计量小于或等于 5% 临界值，则接受被检验项目为正确值。

2）如果检验统计量大于 5% 临界值，但小于或等于 1% 临界值，则被检验的项目称为歧离值，且在右上角用单星号（＊）标出。

3）如果检验统计量大于 1% 临界值，则被检验项目称为统计离群值，且在右

上角用双星号（＊＊）标出。

（2）两个离群观测值情形　为检验最大的两个值是否为离群值，计算格拉布斯检验统计量

$$G = s_{p-1,p}^2 / s_0^2 \tag{5-9}$$

$$s_{p-1,p}^2 = \sum_{i=1}^{p-2} (x_{(i)} - X_{p-1,p})^2 \tag{5-10}$$

$$s_0^2 = \sum_{i=1}^{p} (x_{(1)} - X)^2 \tag{5-11}$$

为检验最小的两个观测值的显著性，计算格拉布斯检验统计量

$$G = s_{1,2}^2 / s_0^2 \tag{5-12}$$

$$s_{1,2}^2 = \sum_{i=3}^{p} (x_{(i)} - X_{1,2})^2 \tag{5-13}$$

$$X_{1,2} = \frac{1}{p-2} \sum_{i=3}^{p} x_{(i)} \tag{5-14}$$

第二节　精密度试验

为确定集成检测方法的允许差，地处广东、浙江、上海、山东和北京等地参与试验的实验室，先分别进行自动连续检测的准确性与重复性试验，然后分别从所在地区采集锅外软化处理和锅内加药处理的锅炉给水、锅水和循环冷却水，所采样品具南北方不同区域、不同处理方式的水样代表性，互相分寄给各实验室，分别采用不同品牌的多功能自动电位滴定仪进行实验室间的再现性比对试验。

一、比对试验结果

实验室间首轮比对试验没有统一规定仪器参数的设置和测试条件，参加试验的实验室按照各自前期进行的试验结果设置仪器参数和测试条件，进行水质集成检测。每个水样重复测定 3 次，测定结果的平均值数据分别见表 5-1~表 5-3。

表 5-1　总碱度和 pH 测定比对试验数据

样品号	总碱度/(mmol/L)						pH					
	A	B	C	D	E	F	A	B	C	D	E	F
1	0.41	0.35	0.2	0.34	0.48	—	5.9	7.90	7.37	8.00	7.78	7.94
2	1.28	1.00	0.97	0.94	1.02	1.39	6.80	7.95	7.91	7.94	8.10	8.24
3	2.21	1.94	1.81	1.6	1.93	—	7.88	8.30	7.93	7.62	8.01	8.05
4	4.11	3.97	3.98	3.79	3.98	—	8.66	8.82	8.73	8.70	8.71	8.76

（续）

样品号	总碱度/（mmol/L）						pH					
	A	B	C	D	E	F	A	B	C	D	E	F
5	6.65	6.59	6.44	5.83	6.54	8.09	9.17	9.28	9.26	9.60	9.57	9.50
6	10.62	9.82	10.02	8.54	9.45	—	11.23	11.31	11.25	11.31	11.36	11.33
7	14.87	14.72	14.37	13.18	14.64	17.03	11.64	11.68	11.62	11.73	11.66	11.66
8	17.64	16.7	17.05	15.8	17.38	17.23	11.33	11.38	11.20	11.41	11.43	11.30
9	27.38	26.44	25.81	24.39	26.30	31.11	12.17	12.11	12.02	12.24	12.19	12.11

注：A、B、C、D、E、F 为实验室编号。下同。

表 5-2　氯离子浓度和电导率测定比对试验数据

样品号	氯离子浓度/（mg/L）						电导率/（μS/cm）					
	A	B	C	D	E	F	A	B	C	D	E	F
1	4.6	6.5	4.8	6.3	6.4	5.8	69.1	69.8	87.8	42.0	74.0	72.1
2	15.0	17.5	14.9	15.0	15.5	15.8	107.9	107.4	110.2	112.0	119.0	119.5
3	23.1	23.1	23.5	24.6	24.7	25.0	155.3	155.1	161.4	154.6	160.0	162.4
4	36.8	39.2	38.0	38.2	40.3	38.9	288.9	280.9	298.5	305.6	288.0	296.0
5	133	150	135	140	138	143	891.8	893.9	949.2	827.0	879.0	889.8
6	262	265	260	265	262	272	1315	1287	1328	1138	1284	1336
7	304	307	307	310	309	316	2980	3504①	2933	2801	3020	3025
8	770	786	779	—	784	795	3595	4531①	3609	3154	3850	3785
9	1330	1385	—	1325	1406	1396	5066	5073	5146	4273	5060	5098

① 7号和8号水样电导率测定时，B 实验室在中和前测定，其他实验室在测定酚酞碱度后再测定。

表 5-3　总硬度测定比对试验数据　　　　　（单位：mmol/L）

样品号	实验室						平均值	实验室间最大偏差
	A	B	C	D	E	F		
1	—	0.025	0.020	0.034	0.023	0.020	0.024	0.014
2	0.065	0.085	—	0.084	0.052	0.060	0.069	0.033
3	—	0.165	0.144	0.176	0.136	0.160	0.156	0.040
4	—	1.99	2.00	1.97	2.00	1.96	1.98	0.04
5	2.94	2.83	2.80	2.88	2.92	2.85	2.87	0.14
6	—	3.89	3.92	3.97	3.53	3.96	3.85	0.44
7	4.63	4.55	4.38	4.31	4.57	4.54	4.50	0.32
8	9.83	9.60	9.67	—	9.80	9.66	9.71	0.23
9	19.19	18.48	18.59	—	18.79	18.61	18.73	0.71
10	24.55	23.70	23.97	—	24.16	23.87	24.05	0.85

二、比对试验总结与改进

各实验室间的比对试验结果大部分测定值比较接近，但也有少数水样的部分指标测定结果偏离较大。对数据偏离的原因分析和改进措施如下。

1）酚酞碱度较高的水样，水样放置在空气中，电导率的检测结果受到空气中的二氧化碳影响，若酚酞碱度越高，放置时间越长，则二氧化碳的影响越大。随着放置时间的增加，锅水中和前测量的电导率数值持续下降，同时 pH 值和酚酞碱度也下降，而总碱度则上升；中和后测量的电导率数值基本保持不变。样品与空气接触对电导率、pH 值和酚酞碱度检测结果有影响，接触时间越长影响越大；中和酚酞碱度后测量的电导率不受二氧化碳影响。

2）碱度测定宜采用预设终点滴定的模式，快捷且测定结果较为可靠。对于碱度和盐含量较低的锅炉给水，由于缓冲能力较小，pH 和碱度测定结果容易偏离，主要受电极性能、响应时间以及 pH 标准溶液定位偏差的影响较大，因此每次测定时需对 pH 电极进行校正，并重视电极的维护。

3）氯离子浓度接近 5mg/L 的水样，实验室间再现性偏差较大，说明 5mg/L 的氯离子浓度接近检测下限值。氯离子浓度较高的水样检测结果比较接近，说明电位滴定法测定氯离子的浓度范围远高于摩尔法。

4）部分实验室电导率测定结果偏差较大，分析其原因可能是由于电导电极有套筒，电极清洗时淋洗不到电极金属部位，将电极淋洗后再采用纯水浸泡，测定结果偏差较小。

5）水样硬度接近 0.03mmol/L 时，不同实验室测定结果相对误差较大；硬度较高的水样测定结果基本接近，但也有少数测定结果偏差较大，而且这种偏离情况在多个比对样品中出现。分析其原因，可能是测定低硬度水样时，所用标准溶液为 EDTA 浓度过高（0.05mol/L），滴定设置不够合理，导致突跃点不明显，或者是仪器噪声可能构成假突跃而被误判成滴定终点。经过分析研究和反复试验，确定检测低硬度水样时，标准溶液宜采用浓度为 0.005mol/L 的 EDTA，并且宜采用等量滴定模式，每滴加液体积建议为 0.01mL。

综合而言，首轮比对试验表明：仪器参数设置对 pH、碱度、氯离子浓度的检测不太敏感，除了浓度偏高或偏低的特殊样品需要对测定参数进行优化外，正常浓度范围的水样测定结果较为理想；电导率测定结果准确性与电极清洗关系较大，保证电导电极得到充分清洗非常必要；低硬度滴定中，仪器参数设置上需重点考虑有效突跃点的辨识，方能得到有效结果，否则将出现较大偏离。

通过对第一轮试验数据的统计分析，提出统一的仪器设置参数和标准溶液浓度，再次分别取锅炉给水、锅水、循环冷却水样品，分寄 6 家实验室进行第二轮比对试验，并对各项目测定数据进行精密度分析。

第三节 集成检测的精密度分析

一、碱度测定的精密度分析

1. 精密度比对试验

因锅水碱度包含了酚酞碱度和全碱度，3 个锅水共 6 个碱度；加上 3 个给水和 3 个冷却水全碱度，故碱度结果水平数 $j=12$。6 个实验室参与，$i=6$。碱度测定的原始数据见表 5-4；各实验室碱度测定的平均值见表 5-5；各实验室碱度测定结果的标准差见表 5-6。

表 5-4　碱度测定原始数据　　　　　　（单位：mmol/L）

实验室 i	水平 j											
	1	2	3	4	5	6	7	8	9	10	11	12
	给水碱度			锅水碱度						循环水碱度		
1	0.10	0.19	2.84	9.09	10.51	7.05	10.23	22.83	29.92	3.12	4.70	5.74
	0.16	0.21	2.82	9.06	10.36	6.94	10.23	22.51	29.85	3.09	4.70	5.76
	0.16	0.21	2.82	8.96	10.38	6.88	10.20	22.34	29.91	3.12	4.70	5.73
2	0.29	0.34	2.90	9.01	10.25	7.32	10.24	23.77	29.64	3.15	4.66	5.70
	0.29	0.33	2.92	9.11	10.25	7.21	10.31	23.54	29.61	3.16	4.69	5.76
	0.30	0.32	2.94	9.02	10.26	7.24	10.38	23.95	29.78	3.16	4.74	5.79
3	0.21	0.42*	2.85	9.45	9.48*	8.06	9.33**	24.11	27.22**	2.95	4.85	5.86*
	0.21	0.39*	2.94	9.45	9.47*	8.04	9.36**	24.02	27.13**	2.92	5.16	6.03*
	0.30	0.48*	2.93	9.46	9.51*	8.00	9.36**	23.83	27.11**	2.92	4.91	6.03*
4	0.22	0.21	2.86	9.42	10.54	7.82	10.30	24.53	30.27	3.20	4.68	5.80
	0.26	0.25	2.88	9.32	10.54	7.78	10.35	24.06	30.06	3.16	4.80	5.77
	0.28	0.22	2.90	9.35	10.53	7.71	10.36	24.58	30.40	3.21	4.69	5.84
5	0.29	0.42	2.87	9.07	10.53	8.14	10.40	24.34	30.14	3.18	4.81	5.74
	0.30	0.44	2.92	9.04	10.54	8.08	10.39	24.17	30.06	3.22	4.84	5.82
	0.29	0.45	2.91	8.98	10.52	8.02	10.38	24.27	30.04	3.23	4.81	5.80
6	0.30	0.39	3.04	9.19	10.52	7.68	10.09	23.36	29.40	3.21	4.82	5.75
	0.31	0.38	3.00	9.06	10.43	7.62	10.13	23.48	29.71	3.16	4.81	5.80
	0.31	0.37	2.99	9.09	10.52	7.63	10.19	23.44	30.07	3.16	4.83	5.75

注：右上角有 * 的数值为歧离值，右上角有 ** 的数值为离群值。

表 5-5　各实验室碱度测定的平均值　　　　（单位：mmol/L）

实验室 i	水平 j											
	1	2	3	4	5	6	7	8	9	10	11	12
1	0.14	0.20	2.83	9.04	10.42	6.96	10.22	22.56	29.89	3.11	4.70	5.74
2	0.29	0.33	2.92	9.05	10.24	7.26	10.31	23.75	29.67	3.16	4.70	5.75
3	0.24	0.43	2.90	9.45	9.49	8.03	9.35	23.99	27.15	2.93	4.87	5.97
4	0.25	0.23	2.88	9.36	10.54	7.77	10.34	24.46	30.24	3.19	4.72	5.80
5	0.29	0.44	2.90	9.03	10.53	8.08	10.39	24.26	30.08	3.20	4.82	5.79
6	0.31	0.38	3.01	9.11	10.49	7.64	10.14	23.43	29.73	3.17	4.82	5.77

注：重复测量次数 n_{ij} 都为 3。

表 5-6　各实验室碱度测定结果的标准差 s_{ij}　　　　（单位：mmol/L）

实验室 i	水平 j											
	1	2	3	4	5	6	7	8	9	10	11	12
1	0.031	0.012	0.011	0.067	0.083	0.085	0.017	0.252	0.039	0.018	0.000	0.016
2	0.009	0.007	0.021	0.058	0.020	0.057	0.073	0.206	0.088	0.008	0.040	0.047
3	0.051	0.045	0.049	0.009	0.025	0.029	0.014	0.142	0.059	0.019	0.040	0.099
4	0.031	0.021	0.020	0.051	0.006	0.056	0.032	0.161	0.172	0.026	0.067	0.035
5	0.006	0.015	0.026	0.046	0.010	0.060	0.010	0.085	0.053	0.025	0.017	0.042
6	0.008	0.010	0.026	0.068	0.052	0.030	0.052	0.062	0.337	0.028	0.010	0.027

2. 一致性和离群值检查

根据 GB/T 6379.2—2004《测量方法与结果的准确度（正确度与精密度）　第 2 部分：确定标准测量方法重复性与再现性的基本方法》标准，对测定数据进行统计分析，结果如下。

（1）再现性统计——格拉布斯检验　对表 5-5 中各实验室碱度平均值中的单个低值和单个高值进行再现性格拉布斯检验，检验结果：水平 7 的实验室 3 和水平 9 的实验室 3 为离群值。将离群值剔除后，重新对水平 7 和水平 9 单个高值和低值进行检验，没有歧离值或离群值。

（2）重复性统计——柯克伦检验　对表 5-6 中的 s_{ij} 值进行柯克伦检验，检验结果：没有离群值，但存在歧离值（分别为：水平 2 的实验室 3、水平 5 的实验室 1、水平 9 的实验室 6），歧离值仍参与后续计算。

3. 精密度计算

对保留的数据，依据 GB/T 6379.2—2004《测量方法与结果的准确度　第 2 部分：确定标准测量方法重复性与再现性的基本方法》进行计算。以表 5-5 水平 1 为例，计算如下：

保留实验室数 $p = 6$

$$T_1 = \sum n x_i = 4.568 \text{mmol/L} \quad T_2 = \sum n(x_i)^2 = 1.218511 \text{mmol}^2/\text{L}^2$$

式中　n——水平 1 每个实验室的平行测试次数；

　　　x_i——水平 1 第 i 个实验室测得的平均值。

$$T_3 = \sum n_i = 18 \quad T_4 = \sum n_i^2 = 54$$

$$T_5 = \sum (n_i - 1) s_i^2 = 9.339 \times 10^{-3} \text{mmol}^2/\text{L}^2$$

式中　n_i——水平 1 第 i 个实验室的平行测试次数；

　　　s_i——水平 1 第 i 个实验室的标准差。

重复性方差为

$$s_r^2 = \frac{T_5}{T_3 - p} = 7.78 \times 10^{-4} \text{mmol}^2/\text{L}^2$$

实验室间方差为

$$s_L^2 = \left[\frac{T_2 T_3 - T_1^2}{T_3(p-1)} - s_r^2 \right] \left[\frac{T_3(p-1)}{T_3^2 - T_4} \right] = 3.686 \times 10^{-3} \text{mmol}^2/\text{L}^2$$

再现性方差为

$$s_R^2 = s_L^2 + s_r^2 = 4.464 \times 10^{-3} \text{mmol}^2/\text{L}^2$$

$$X = \frac{T_1}{T_3} = 0.254 \text{mmol/L}, \quad s_r = 0.028 \text{mmol/L}, \quad s_R = 0.067 \text{mmol/L}$$

类似的对其他水平保留的数据，依据 GB/T 6379.2—2004 进行碱度精密度计算，结果列于表 5-7 中。

表 5-7　碱度测定的 X、s_r、s_R

水平 j	保留实验室数 p	结果平均值 $X/(\text{mmol/L})$	重复性标准差 $s_r/(\text{mmol/L})$	再现性标准差 $s_R/(\text{mmol/L})$
1	6	0.25	0.028	0.067
2	6	0.33	0.022	0.102
3	6	2.91	0.028	0.065
4	6	9.17	0.054	0.192
5	6	10.28	0.043	0.407
6	6	7.62	0.056	0.445
7	5	10.28	0.043	0.106
8	6	23.74	0.165	0.699
9	5	29.89	0.176	0.293
10	6	3.13	0.022	0.104
11	6	4.77	0.037	0.079
12	6	5.80	0.052	0.096

表 5-7 显示：12 个水平的重复性标准差可分为两部分；碱度为（0.25 ~ 10.0）mmol/L 时，最大重复性标准差 $s_{max}=0.06$；碱度为（10.0 ~ 29.89）mmol/L 时，最大重复性标准差 $s_{max}=0.18$。按 95% 置信度计，碱度平行测定结果最大标准差和最大允许差见表 5-8。

表 5-8 碱度平行测定结果　　　　　　（单位：mmol/L）

碱度范围	最大重复性标准差 s_{max}	最大允许差
0 ~ 10	0.06	0.08
10 ~ 30	0.18	0.25

二、硬度测定的精密度分析

6 家实验室进行 6 个水样硬度测定的比对试验，其中锅炉给水样品和循环冷却水样品各 3 个，检测数据见表 5-9。

表 5-9 各实验室硬度测定原始数据　　　（单位：mmol/L）

实验室 i	水平 j					
	1	2	3	4	5	6
	给水硬度			循环水硬度		
1	—	0.31**	—	5.89	24.79	9.61
	—	0.26**	—	5.87	24.84	9.62
	—	0.26**	—	5.88	24.86	9.61
2	—	0.20**	—	5.71*	24.72	9.38
	—	0.20**	—	5.88*	24.63	9.39
	—	0.21**	—	5.67*	24.59	9.39
3	0.035	0.23	0.762	5.94	24.84	9.54
	0.034	0.23	0.750	5.98	24.83	9.52
	0.035	0.24	0.757	5.92	24.98	9.53
4	0.038	0.24	0.748	6.00	25.16	9.60
	0.038	0.24	0.748	5.99	25.10	9.59
	0.040	0.24	0.752	5.98	25.08	9.63
5	0.035	0.23	0.786	5.99	25.22	9.64
	0.038	0.23	0.784	5.98	25.36	9.71
	0.035	0.23	0.783	5.95	25.33	9.66
6	0.040	0.23	0.779	5.84	24.43**	9.41**
	0.038	0.24	0.781	5.78	24.96**	9.20**
	0.038	0.23	0.781	5.90	24.90**	9.28**

通过柯克伦检验和格拉布斯检验（方法与碱度计算过程一样，不再重复列出细节），水平2中，实验室1和实验室2数据离群；水平5、水平6中，实验室6数据离群；水平4中，实验室2数据为歧离值，舍去离群值，保留歧离值继续参与计算。

对保留的数据，依据 GB/T 6379.2—2004 进行计算。各水平的结果平均值 X、重复性标准差 s_r 见表 5-10。

表 5-10　硬度测定的 X、s_r

水平 j	保留实验室数 p	结果平均值 X/（mmol/L）	重复性标准差 s_r/（mmol/L）
1	4	0.040	0.003
2	4	0.233	0.003
3	4	0.743	0.004
4	6	5.897	0.054
5	5	24.955	0.063
6	5	9.561	0.020

考虑到大多数蒸汽锅炉软化水处理设备出水合格指标为 0.03mmol/L，对测定结果的精确度要求较高，0.2mmol/L 以下硬度的工业用水或锅炉用水可以达到部分软化或部分除盐的水处理要求，测定时采用较低浓度的标准溶液，以等量滴定模式精确滴定；硬度为 0.2~1mmol/L 的水样通常为低硬度原水或部分软化水，而超过 1mmol/L 的水样通常为原水或循环冷却水，对精密度要求可适当放宽，可采用较高浓度的标准溶液，以动态滴定模式进行快速测定。因此根据表 5-10 的数据，将硬度测定结果的最大允许差按不同的浓度范围分为三部分，具体见表 5-11。

表 5-11　硬度测定结果的最大允许差

硬度值/（mmol/L）	最大允许差/（mmol/L）
0.03~0.20	0.004
0.2~1.0	0.02
>1.0	$0.01 + 0.01\overline{X}$

三、氯离子浓度测定的精密度分析

6 家实验室对 9 个水样（给水、锅水、循环冷却水各 3 个样）进行集成检测氯离子浓度的比对试验，测定结果的原始数据见表 5-12。水平 2 的平均氯离子浓度为 2.7mg/L，由于已经超出本标准方法的氯离子浓度检测下限，偏差较大，因此不参与后续的精密度计算。

表 5-12 　氯离子浓度测定原始数据　　　　　　（单位：mg/L）

实验室 i	水平 j								
	1	2	3	4	5	6	7	8	9
	给水氯离子浓度			锅水氯离子浓度			循环水氯离子浓度		
1	5.2	1.6**	16.8	75.2	297.8	159.0	676.3	579.2	27.7
	4.3	1.0**	16.7	75.2	298.3	158.6	677.4	579.2	27.8
	4.3	0.5**	16.4	75.3	297.9	158.3	679.8	579.8	27.7
2	7.7	4.8**	19.1	78.5	299.8	163.6	684.1	585.6	29.7
	6.9	5.0**	18.7	78.7	299.5	163.4	681.9	587.4	30.9
	6.9	5.1**	18.8	78.7	302.6	163.9	683.5	590.5	30.7
3	5.4	0.2**	17.3	77.4	302.3	163.1	678.2	576.1	28.1
	4.8	0.2**	17.8	77.4	302.7	162.7	675.9	580.6	28.2
	5.1	0.1**	17.6	77.5	302.5	162.8	675.7	577.4	28.1
4	6.0	5.0**	19.0	81.5**	310.6	167.2	748.0**	601.0	31.2
	6.0	3.0**	19.0	78.9**	311.9	167.2	724.0**	602.0	31.6
	6.0	4.0**	19.1	79.4**	311.0	166.2	720.0**	606.0	31.8
5	5.7	Non	17.4	76.7	300.8	160.8	686.0	582.3	28.4
	5.3	Non	17.4	76.3	300.8	160.5	686.7	584.8	29.1
	5.3	1.4**	18.1	76.3	300.4	160.1	685.6	582.3	29.1
6	6.4	Non	17.5	74.5*	291.9	154.1**	679.9*	577.5**	29.7
	6.3	3.2**	17.6	73.8*	291.1	156.3**	685.6*	589.7**	30.4
	6.5	3.0**	17.7	74.5*	292.6	158.3**	686.7*	587.7**	29.2

依据 GB/T 6379.2—2004 计算氯离子浓度测定重复性标准差，结果见表 5-13。从表 5-13 中可知，氯离子浓度在（5~50）mg/L 范围时，最大重复性标准差低于 1。而氯离子浓度大于 50mg/L 时，最大重复性标准差与测量值存在近似线性关系，因此确定氯离子浓度测定最大允许差见表 5-14。

表 5-13 　氯离子浓度测定的 X、s_r

水平 j	保留实验室数 p	结果平均值 X/(mg/L)	重复性标准差 s_r/(mg/L)	备注
1	6	5.8	0.60	
~~2~~	~~3~~	~~2.7~~	~~1.40~~	水平 2 样品氯离子浓度平均测定值低于本方法的氯离子浓度检测下限，故去掉
3	6	17.9	0.59	
4	5	76.4	1.10	
5	6	301.0	1.35	

（续）

水平 j	保留实验室数 p	结果平均值 X/(mg/L)	重复性标准差 s_r/(mg/L)	备注
6	5	162.47	1.99	
7	5	681.6	2.60	水平2样品氯离子浓度平均测定值低于本方法的氯离子浓度检测下限，故去掉
8	6	586.1	3.84	
9	6	29.4	0.93	

表5-14　氯离子浓度测定的最大允许差

氯离子浓度范围/(mg/L)	最大允许差/(mg/L)
5~50	1.0
>50	$0.02\bar{X}$

四、pH 测定的精密度分析

对9个水样在同一实验室进行连续测定的 pH 重复性平行试验，测定结果见表5-15，平行试验结果 pH 标准偏差在 0.02~0.05 之间，表明本方法 pH 测定结果能够满足 GB/T 6904—2008《工业循环冷却水及锅炉用水中 pH 的测定》对允许差的要求。对另外9个水样由6家实验室进行精密度的重复性和再现性比对试验，测定结果数据见表5-16，其中水平1和水平2的水样，由于盐含量较低，缓冲性较小，在寄送、存放和测定过程中受外界影响较大，测定的再现性和重复性较差，因此不作为精密度的统计计算。其余7个水样重复测定的最大偏差均小于 0.1pH，但是当 pH 在 8.5 以下时再现性不是太好。

表5-15　同一实验室进行 pH 检测重复性平行试验的结果

水样编号		1	2	3	4	5	6	7	8	9
滴定结果	1	6.54	7.06	9.41	9.96	9.99	10.96	11.14	11.75	11.86
	2	6.53	7.06	9.38	9.98	10.14	10.95	11.13	11.74	11.84
	3	6.53	7.06	9.37	9.98	10.12	10.94	11.12	11.73	11.82
	4	6.53	7.08	9.38	9.97	10.12	10.93	11.11	11.72	11.81
	5	6.55	7.08	9.38	9.97	10.11	10.91	11.11	11.71	11.79
	6	6.54	7.08	9.38	9.96	10.08	10.90	11.1	11.71	11.78
	7	6.52	7.09	9.36	9.96	10.05	10.87	11.09	11.7	11.81
	8	6.55	7.08	9.23	9.95	10.04	10.86	11.08	11.69	11.76
	9	6.54	7.08	9.27	9.96	10.02	10.85	11.07	11.68	11.81
	10	6.55	7.08	9.28	9.94	10.06	10.85	11.07	11.66	11.79
	11	6.55	7.10	9.3	9.94	10.05	10.83	11.06	11.65	11.78
	平均值	6.54	7.08	9.34	9.96	10.07	10.90	11.10	11.70	11.80
标准偏差		0.010	0.013	0.056	0.013	0.045	0.044	0.025	0.030	0.027

表 5-16　6 家实验室进行 pH 精密度试验的测定数据

实验室 i	水平 j								
	1	2	3	4	5	6	7	8	9
	给水 pH			锅水 pH			循环水 pH		
1	6.74	7.34	8.18	11.53	11.41	11.80	8.43	8.37	8.66
	6.73	7.58	8.15	11.51	11.37	11.79	8.42	8.40	8.67*
	6.73	7.41	8.14	11.49	11.34	11.78	8.44	8.40	8.68
2	8.26	9.16	8.57	11.66	11.57	11.97	8.38	8.52	8.78
	8.27	9.13	8.56	11.68	11.55	11.97	8.35	8.53	8.80
	8.21	9.28	8.56	11.67	11.54	11.98	8.39	8.48	8.80
3	6.97	8.35**	8.16	11.75	11.67	12.11	8.59	8.47	8.74
	7.72	8.97**	8.37	11.74	11.66	12.11	8.54	8.50	8.78
	7.47	9.32**	8.35	11.74	11.67	12.10	8.55	8.46	8.77
4	7.48	8.59	8.32	11.62	11.70	12.05	8.47	8.54	8.79
	7.83	8.69	8.38	11.61	11.65	12.04	8.46	8.55	8.80
	7.69	8.55	8.40	11.60	11.64	12.07	8.48	8.55	8.82
5	7.89	9.14	8.32	11.74	11.71	12.15	8.16	8.50	8.78
	7.87	9.42	8.42	11.73	11.70	12.15	8.22	8.51	8.79
	8.01	9.20	8.44	11.73	11.70	12.16	8.26	8.51	8.80
6	7.12	8.60	8.50	11.66	11.58	12.00	8.36	8.50	7.96
	7.55	8.33	8.50	11.65	11.59	11.99	8.34	8.49	7.97
	7.68	8.22	8.42	11.64	11.58	11.99	8.41	8.51	8.00

五、电导率测定的精密度分析

集成检测对于电导率的测定与实验室内人工测定电导率所用电极有所不同，本方法所用电极近似现场在线测量的电极，带测量环。另外，对于碱性的锅水测定，如果要采用固导比法，通过测定锅水电导率估算溶解固形物浓度，需测定中和酚酞碱度后的电导率。本精密度试验的样品为锅炉实际水样，同一实验室的重复性测定结果见表 5-17。

由表 5-17 数据可知，电导率检测结果相对标准偏差随着样品电导率的增加而减小。另外，根据多个实验室对多个水样进行重复多次的集成检测，所得电导率重复性相对标准偏差的计算值均小于 5%（部分数据见表 5-18）。通过比较，试验所得数据会超过 GB/T 6908—2018《锅炉用水和冷却水分析方法　电导率的测定》中电导率测定的允许误差。由于本方法所测电导率受电极清洗及中和影响，重复测定偏差要大于实验室内常规电导率测定，因此在标准中规定电导率测定的允许差为：两次平行测定结果的相对偏差不超过±5%。

表 5-17　锅炉实际水样电导率检测精密度试验结果

水样及测定次序		1	2	3	4	5	6	7	8
测定结果/ （μS/cm）	1	1.7	9.4	87	1082	2700	2857	3670	3954
	2	1.7	9.4	88	1081	2695	2852	3672	3954
	3	1.6	9.7	88	1075	2692	2847	3668	3953
	4	1.2	9.7	88	1074	2693	2843	3667	3958
	5	1.2	9.8	88	1074	2690	2837	3665	3959
	6	1.1	9.9	88	1074	2691	2842	3664	3960
	7	1.3	10.3	86	1076	2693	2838	3667	3956
	8	1.2	8.9	87	1072	2692	2834	—	3949
	9	1.1	9.5	85	1076	—	—	—	3947
	10	1.3	9.4	88	1043	—	—	—	3941
	11	1.7	9.3	87	1077	—	—	—	3949
	平均值	1.4	9.5	87	1073	2693	2844	3668	3953
标准偏差/ （μS/cm）		0.25	0.38	1.01	10.43	3.11	7.85	2.76	5.76
相对标准偏差（%）		17.86	4.00	1.16	0.97	0.12	0.28	0.08	0.15

表 5-18　多个实验室电导率测定的 X、s_r

水平 j	保留实验室数 p	结果平均值 $X/(\mu S/cm)$	重复性标准差 $s_r/(\mu S/cm)$	重复性相对标准偏差 （%）
1	3	2845.8	8.3	0.3
2	4	3665.1	39.3	1.1
3	3	900.8	1.2	0.1
4	4	3844.6	47.3	1.2
5	4	2908.6	47.7	1.6
6	4	3121.9	96.5	3.1
7	4	2393.3	39.7	1.7
8	3	7344.3	7.1	0.1
9	3	4497.8	70.5	1.6
10	4	55.6	1.7	3.0
11	4	34.2	0.8	2.3
12	4	584.7	3.6	0.6

第六章

集成检测的设置及实例

第一节　集成检测的设置与要求

一、检测范围

采用多功能自动电位滴定仪，它适用于工业锅炉用水、循环冷却水和天然水等水样的电导率、pH、酚酞碱度、全碱度、氯化物、硬度的自动连续测定。各项指标测定范围根据第四章的试验结果设定如下。

1. 电导率

根据工业锅炉用水和循环冷却水的特性，综合考虑常用电导电极的测量范围，设定电导率测量范围 0.01~10mS/cm，测量时不需要更换电极。

2. pH

pH 测定范围取决于 pH 电极的范围，常用的 pH 复合电极的测定范围为 0~13。对于锅炉用水和循环冷却水而言，通常 pH≈6~13，几乎不会出现 pH<3 的情况。在连续检测中，全碱度滴定终点为 pH=4.2~4.4；而 pH 达到 13 以上的水样测定时将产生显著的偏差，测定结果容易偏离，由于高碱度电极响应速度慢，易影响碱度的测定，因此不推荐高碱度电极。故将 pH 测定范围设为 3~13。

3. 碱度

酚酞碱度设定为 0~30mmol/L，下限值设定为 0 的原因是考虑到部分锅炉用水和冷却水的 pH 低于 8.3，不含酚酞碱度。

全碱度设定为 0.2~50mmol/L，下限值设定 0.2 是考虑到部分地区原水碱度较低，锅炉给水碱度可能低至 0.2。从电位滴定角度分析：滴定用硫酸标准溶液的浓度为 0.1mol/L，最小加液体积为 0.02mL，不管动态滴定，还是等量滴定模式，电位滴定过程通常至少需要 8 滴以上的加液，出现突跃才能形成完整的滴定曲线（图 6-1），因此 0.2mmol/L 也是本方法碱度测定的下限。

酚酞碱度上限设定为 30mmol/L 是考虑到锅水和循环冷却水的酚酞碱度一般不会超过此值；全碱度上限值设定为 50mmol/L 的原因，是考虑集成检测的样品杯容

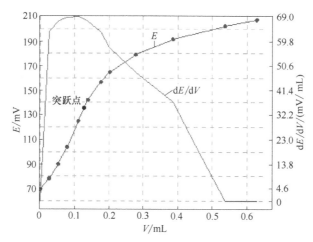

图 6-1　形成突跃点的滴定曲线

积，全碱度超过 50mmol/L 时，测定时需要加入 50mL 以上的硫酸标准溶液，过多的硫酸标准溶液加入，可能导致样品从样品杯中溢出。如果批量水样中氯离子浓度都很低，且硬度很低或不测硬度，也可以测定更高的碱度。

4. 氯离子浓度

氯化物浓度的测定范围为 5~1500mg/L。设定下限值为 5mg/L 的原因：精密度试验统计结果，氯离子浓度为 5mg/L 以上时，测定的精密度较好，而氯离子浓度低于 5mg/L 时，精密度变差。从电位滴定原理分析，电位滴定曲线形成突跃点至少需要 8 滴以上的加液，在动态滴定模式下，测定低浓度水样时，每滴加液体积最大 0.2mL，最小 0.005mL，通常完成突跃点滴定曲线加液总体积至少需 0.15mL，采用浓度为 0.1mol/L 的硝酸银标准溶液（如果降低标准溶液浓度，则最小滴加量需适当增大，否则电位变化接近仪器噪声，突跃点反而难以识别），则氯离子浓度为

$$c = \frac{Vc(\text{AgNO}_3) \times 1000}{V_0} \times 35.5\text{g/mol} = \frac{0.15\text{mL} \times 0.1\text{mol/L} \times 1000}{100\text{mL}} \times 35.5\text{g/mol}$$

$$\approx 5.3\text{mg/L}$$

对于检测上限来说，大量比对试验表明，高浓度氯离子水样检测结果的重复性和再现性都比较好（详见第四章第四节），说明电位滴定法测定氯离子的浓度范围远高于摩尔法，但考虑滴定杯的容积限制和避免氯化银沉淀污染，因此设定氯化物浓度的测定上限值为 1500mg/L。

5. 硬度

硬度测定范围为 0.03~30mmol/L。设定硬度检测下限为 0.03mol/L 的原因与氯化物相似，试验结果表明电位滴定法测定硬度小于 0.03mmol/L 的水样时，准确性和精密度都不太理想，硬度为 0.03~0.1mmol/L 的水样，宜采用较低浓度的 ED-

TA 标准溶液，并采用每滴加液体积为 0.01mL 的等量滴定才能获得较好的准确性和精密度。对于硬度较高的水样，电位滴定法测定的准确性和精密度都很好，考虑到一般工业用水硬度很少会超过 30mmol/L，以及受滴定杯的容积限制，加入过多标准溶液可能溢出，所以设测定上限为 30mmol/L。如果水样的硬度很高，而碱度和氯离子浓度很低，集成检测时水样和标准溶液总体积不会造成溢出的，也可以测定更高的硬度。

二、滴定终点的设置

滴定终点的设置模式说明如下。

1. 碱度测定的滴定终点

碱度滴定终点采用预设 pH 值方式，而不选择等当点滴定方式，是因为电位滴定法测定碱度以 pH 电极为测量电极，而酚酞变色时 pH 为 8.2~8.3；甲基橙变色时 pH 为 4.2~4.6，即酚酞碱度和全碱度滴定终点的 pH 是可以预设的。经多次比对试验表明，设酚酞碱度滴定终点为 pH8.3、全碱度滴定终点为 pH4.4 较为适宜。另一方面，预设终点滴定方法不仅测定速度较快，而且测定结果也较为可靠，不会出现假终点，也不需要加入过量的酸标准溶液。碱度测定也可采用等当点滴定方法，但测定速度相对较慢。

2. 氯离子浓度和硬度测定的化学计量点

氯离子浓度和硬度测定采用电位滴定法时，仪器判断滴定终点是通过对滴定曲线进行一阶或二阶微分寻找突跃而确定化学计量点，必需滴定过量，才能形成完整的滴定曲线（如图 6-2 所示，终止滴定时标准溶液消耗体积为 20.15mL，而化学计量点的体积为 19.48mL）。因此采用等当点滴定方法测定时，停止滴定时消耗的标准溶液是过量的，实际化学计量时，按最大突跃点时标准溶液消耗量计算测定结果。

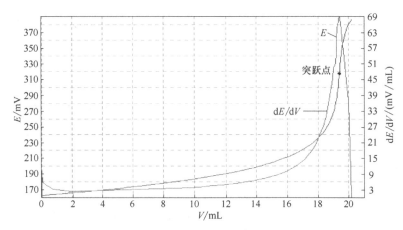

图 6-2　氯离子浓度测定的滴定曲线

三、对仪器的要求

仪器中除自动进样器可选配，其他都是必须具备的。配置自动进样器的自动滴定仪，可对多个水样进行自动测定并自动清洗电极；若不配置，可以进行集成检测，但每个水样测定后，需手动清洗电极，并放置下一个水样。需注意的是，自动进样器有不同规格的孔径，如果孔径过小，只能放入较小体积的样品杯，就无法同时插入多个电极，且样品杯的容量小，无法进行集成检测。

四、试剂及标准溶液的配置

1）GB/T 15451—2006 标准中碱度测定的标准溶液为盐酸，但集成检测中碱度测定后需继续测定氯离子浓度，所以不能用盐酸而用硫酸或硝酸作标准溶液。

2）标准溶液浓度的确定：由于我国各地区水质差异较大，锅炉用水和循环冷却水中碱度、硬度和氯离子浓度相差很大，如果水中各离子浓度较低，标准溶液浓度过高，容易影响测定的准确性和精密度；反之如果水中各离子浓度很高，标准溶液浓度过低，测消耗体积过多，会造成溶液溢出样品杯。因此需根据所测水样离子浓度配制合适的标准溶液浓度。本方法推荐的标准溶液浓度适用于测定范围内的工业用水，以浓度最高的锅水为例，当硫酸标准溶液 $c(1/2H_2SO_4) = 0.1mol/L$、硝酸银标准溶液 $c(AgNO_3) = 0.1mol/L$ 时，100mL 锅水按碱度最高 50mmol/L，消耗硫酸标准溶液 50mL；氯离子浓度最高 1500mg/L，消耗硝酸银标准溶液 42.3mL，总体积不超过 200mL。而锅炉给水和循环冷却水碱度和氯离子浓度通常要低得多，加上硬度测定，即使 EDTA 标准溶液浓度为 $c(EDTA) = 0.005mol/L$，溶液总体积也不会超过 200 mL。

3）标准溶液的配置可按照 GB/T 601 的规定进行，标准溶液浓度标定建议采用自动电位滴定法，不仅可实现标定的自动化，而且一定程度可抵消测定中的系统误差。各标准溶液的标定方法参照第三章第三节中的规定。

4）硬度测定所用缓冲溶液除了采用氨-氯化铵缓冲溶液，也可采用无氨臭的氨基乙醇缓冲溶液。根据多年的应用证明，氨对大多数银电极基本没有不良反应，但不能保证所有的银电极都不会受氨影响。因此推荐了两种缓冲溶液，当发现银电极会受氨影响时，宜采用氨基乙醇缓冲溶液。

五、仪器安装调试及参数设置

仪器安装后，调式时需要进行测定参数的设置。经试验表明，测定参数设置是否合理将直接影响仪器对滴定终点的判断，从而可能影响测定的准确性和精密度，因此合理设置测定参数很重要。由于不同的仪器设置方法可能有所不同，而且将来仪器也有可能改进，经过多个实验室大量的反复试验比较和分析研究后得出了较为理想的设置参数。另外，只要仪器装置符合基本条件，并能满足对集成检测的要求及测定结果的允许差，其参数设置可不受以下推荐参数限制。

1. 电导率测定

开启搅拌，10s 后停止搅拌，持续测量 10~60s，漂移小于 0.01(mS/cm)/min 后采集测定值。

2. pH 测定

开启搅拌，10s 后停止搅拌，若在电导率测定之后进行，不须搅拌，持续测量 10~60s，漂移不大于 5mV/min 时采集测定值。

3. 碱度测定

1）在仪器上选择预设终点滴定方法；采用 pH 电极和硫酸标准滴定溶液。

2）加液设置如下。

① 对于锅炉给水、循环冷却水和天然水，建议加液速度 0.02~10mL/min。

② 对于锅水，建议加液速度为 0.05~15mL/min。

③ 设置与终点 pH 相差 2 时进入慢速滴定状态。

3）终点设定：酚酞碱度设置 pH=8.3 为滴定终点；总碱度设置 pH=4.4 为滴定终点。

4. 氯离子浓度测定

1）在仪器上选择等当点滴定方法；采用银电极和硝酸银标准滴定溶液。

2）加液设置如下。

① 对于锅炉给水、天然淡水等氯离子浓度不高的水样，建议每滴加液体积为 0.01~0.2mL。

② 对于循环冷却水、锅水等氯离子浓度较高的水样，建议每滴加液体积为 0.01~1.5mL。

③ 电位变化（dE/dt）不大于 30mV/min 时；等待时间为 2~20s。

④ 突跃点识别阈值：根据电极及水样等因素的特性确定。仪器和电极初次使用时应进行设置试验，可采用 Cl^- 浓度为 5mg/L 的标准溶液测试，确定合适的阈值，避免出现多个突跃点或找不到突跃点的现象。

5. 硬度测定

1）在仪器上选择等当点滴定方法；采用钙电极和 EDTA 标准滴定溶液。根据被测水样性质选择 EDTA 标准滴定溶液，一般循环冷却水或天然水宜选用 $c(EDTA)=0.05mol/L$；经软化或反渗透处理的锅炉给水宜选用 $c(EDTA)=0.005mol/L$。

2）加液设置如下。

① 加入 5mL 氨-氯化铵缓冲溶液（或 5mL 氨基乙醇缓冲溶液）。

② 测定硬度大于等于 0.1mmol/L 的水样时，建议每滴加液体积为 0.01~0.5mL。

③ 测定硬度小于 0.1mmol/L 的水样时，建议每滴加液体积为 0.005~0.05mL；或者采用每滴加液体积为 0.01mL 的等量滴定。

④ 电位变化（dE/dt）不大于 20mV/min 时；等待时间 3~30s。

⑤ 突跃点识别阈值：根据电极及水样等因素的特性确定。仪器和电极初次使

用时应进行设置试验，可采用 $c(1/2Ca^{2+})=0.1\mathrm{mmol/L}$ 的标准溶液，分别采用动态滴定和等量滴定模式进行测试，确定合适的阈值，避免出现多个突跃点或找不到突跃点的现象。

6. 测定过程的设置

1）测定过程中，仪器只采集单项测定电极的测量信息。采集到测量数据后，自动转换到下一项目的测定。

2）自动记录测定过程的相关数据和滴定曲线，测定后显示标准滴定溶液在化学计量点时的消耗体积以及各项目测定值。

3）配置了自动进样器的滴定仪，在每个水样全部项目测完后，自动清洗所用电极，然后转入下一个样品测定。清洗设置应保证清洗效果不影响后续测定的准确性，对于氯离子浓度较高的多个水样连续测定，宜设置两个清洗位重复清洗。

7. 注意事项

1）上述设置主要适用于常量滴定，若待测物浓度较低，可采用等量滴定模式，并减小每滴加液体积，必要时可采用低浓度的标准滴定溶液。

2）各标准滴定溶液最大加入量的体积设置，除了不超过测定范围的消耗体积，还应注意保证最终所加溶液的总体积不溢出滴定杯。

3）搅拌速度设置：电导率、pH 和碱度测定时不宜过大；氯离子浓度和硬度测定时需适当增大搅拌速度，但不得出现明显气泡或有液体溅出。

六、水样检测

1. 样品准备

水样体积一般取 100mL，如果水样中某些指标较高，为防止加入标准溶液过多而溢出杯外，可取 80mL 或更少。但应注意：水样体积应保证电极插入水样中后，所有电极液络部位都应处于液面之下；另外，电导率、pH、碱度连续检测的，不可加水稀释。

2. 水样测定

1）一般水样各指标测定次序为：电导率→pH→酚酞碱度→全碱度→氯离子浓度→硬度，测定次序不可颠倒是为了防止各指标的测定受到影响，避免后续测定无法进行或者测定结果不准确。然而对于工业锅炉的锅水检测而言，通常采用锅水的溶解固形物浓度来作为锅水含盐量的评价指标。目前检验机构大多采用 GB/T 1576—2018 附录 C 的方法，用固导比（即溶解固形物浓度与电导率之比值）计算溶解固形物浓度，由于水中的 OH^- 容易造成电导率测定值虚高，所以当水中 pH 较高时，需中和至 pH≈8.3 再测定电导率（若中和至 pH 更低，则加入的酸和形成 HCO_3^-、HSO_4^- 也会造成电导率偏高）。因此对于需要采用固导比法计算溶解固形物浓度的锅水，设置测定次序为 pH→酚酞碱度→中和电导率→全碱度→氯离子浓度。

2）为了防止锅炉和热交换设备结垢和腐蚀，锅水和循环冷却水中往往加有阻垢剂缓蚀剂。试验研究表明，采用本方法连续检测，大多数常用阻垢剂对测定结果基本不影响，但浓度较高的聚磷酸盐或聚羧酸盐类阻垢剂对氯离子浓度测定存在一定干扰，如果在全碱度测定后继续加入硫酸至 pH = 3 以下，则基本可消除其对氯离子浓度测定的影响。

3）不同的水样类型，指标差异较大，需要设置不同的测定参数，可以在仪器的主机中预先编制多种相应参数设置的各类水样测定方法。测定时根据水样特点，选择合适的方法。

4）测定预备工作中，应注意排除各滴定管及加液管中的气泡（开启各滴定模块的冲洗功能，可将加液管插入滴定液试剂瓶中对滴定液进行回收或直接排掉），避免造成标准溶液体积误差。

5）当水样浓度过高，超出规定的测定上限时，需要区别对待。如果水样中氯离子浓度和硬度过高，可以稀释后测定；但对于电导率、pH 和碱度，由于稀释倍数与测定值不成比例关系，因此这些指标不能稀释后测定；对碱度测定上限的规定，主要是由于滴定杯容积有限，集成检测中标准溶液总体积消耗过多会造成溢流，如果单独进行碱度的电位滴定，则不受测定上限的限制。因此对于特高浓度的水样宜分次测定，将电导率、pH、碱度的测定与氯离子浓度、硬度的测定分开进行。

3. 结果计算

GB/T 1576—2018 标准规定锅炉用水硬度的单位为 mmol/L，基本单元为 $1/2Ca^{2+}$、$1/2Mg^{2+}$，而循环冷却水的硬度习惯上以 $CaCO_3$ 计，以 mg/L 为单位表示，具体的计算可以在设定方法的时候进行公式编辑。

4. 允许误差

根据重复性比对试验结果，规定了各项指标的允许误差，具体见第五章。

七、电极清洗及存放

电极的洗净程度对测定结果有明显影响，因此需按第四章第六节的要求对清洗程序进行合理设置。一般浓度较低的水样测定后，冲淋清洗（或浸泡清洗）一次即可；对于浓度较高的水样，尤其是氯离子浓度较高的锅水，建议设置两个清洗位，进行重复清洗，以免电极未清洗干净而影响下一个水样测定的准确性。水样测定全部结束后，一般应将电极清洗后存放于盛有填充液的保护套中，如果电极使用说明书有特别要求的，应按照说明书要求进行保养。电极的校准和维护可参照第三章第四节。

第二节　标准溶液标定（电位滴定法）及水样集成检测设置实例

根据本章第一节的设置要求，结合实际水样的特点，在某一型号的自动电位滴定仪中建立了硫酸、硝酸银以及 EDTA 标准溶液标定的方法和给水、锅水连续测定的方法。

为方便读者对照仪器操作，本节的字母、符号均采用仪器实际显示的形式。

一、标准溶液标定设置实例

1. 硫酸标准溶液标定

硫酸标准溶液在标定前需要建立标定的方法，具体标定方法建立和参数的设置如下。

（1）搅拌的设置　硫酸标准溶液在标定前要设置"搅拌"，其中速度［％］设置为30％；耗时［s］设置为30。

（2）滴定（EQP）方法的设置

1）滴定剂选择"1/2 H_2SO_4"。

2）电极类型选择"pH"，电极选择"DG115-SC"，单位选择"pH"。

3）滴定时搅拌速度［％］设置为"30"。

4）预馈液模式选择"体积"，体积［mL］设置为"15"，等待时间［s］设置为"20"。

5）控制方法选择"慢速"，模式选择"酸/碱"。

6）评估和识别：过程选择"标准"模式，阈值［mV/mL］设置为"70"，趋势选择"无"，范围设置为"0"，附加 EQP 标准选择"否"。

7）终止条件的设置：最大体积［mL］设置为"18"，达到识别的 EQP 数之后选择"☑"，EQP 点的数目选择"1"。

（3）计算 R1（Titer）　结果选择"Titer"，公式为"R1 = m/((VEQ-B［Blank EQP for 1/2 H_2SO_4］) * c * C)"，常数设置为"C = M/(10 * p * z)"，M 设置为"M［Sodium Carbonate］"，小数位数设置为"4"，写入 RFID 标签选择"无"。

（4）计算 R2（Consumption）　结果选择"Consumption"，结果单位选择"mL"，公式设置为"R2 = VEQ"，常数设置为"C = 1"，M 设置为"M［None］"，小数位数设置为"4"，写入 RFID 标签选择"无"。

（5）冲洗　辅助试剂选择"Water"，冲洗次数设置为"1"，每次循环的体积［mL］设置为"10"，位置选择"当前位置"。

（6）浸洗　间隔位置设置为"1"，位置选择"专用滴定杯1"，时间［s］设置为"15"，速度［％］设置为"30"。

（7）滴定度　TITER 设置为"Mean［R1］"。

（8）计算 R3（Mean Titer）　结果设置为"Mean Titer"，结果单位选择"——"，计算公式为"R3 = Mean［R1］"，常数 C = 1，M 选择"M［None］"，小数位数设置为"4"。

2. 硝酸银标准溶液标定

（1）搅拌的设置　硝酸银标准溶液在标定前要设置"搅拌"，其中速度［%］设置为 30；耗时［s］设置为 30。

（2）滴定（EQP）方法的设置

1）滴定剂选择"$AgNO_3$"。

2）电极类型选择"mV"，电极选择"DM141-SC"，单位选择"mV"。

3）滴定时搅拌速度［%］设置为"30"。

4）预馈液模式选择"无"，等待时间［s］设置为"0"。

5）控制方法选择"用户"，添加模式选择"动态添加模式"，dE（设定值）［mV］设置为"8.0"，dV（最小）［mL］设置为"0.005"，dV（最大）［mL］设置"0.5"；模式选择"平衡控制模式"，dE［mV］设置为"0.5"，dt［s］设置为"1"，t（最小）［s］设置为"3"，t（最大）［s］设置为"15"。

6）评估和识别：过程选择"标准"模式，阈值［mV/mL］设置为"150"，趋势选择"无"，范围设置为"0"，附加 EQP 标准选择"否"。

7）终止条件的设置：最大体积［mL］设置为"40"，达到识别的 EQP 数之后选择"☑"，EQP 点的数目选择"1"。

（3）计算 R1（Titer）　结果选择"Titer"，公式为"R1 = m/（（VEQ-B［Blank EQP for Cl^-］）* c * C）"，常数设置为"C = M/（10 * p * z）"，M 设置为"M［Sodium Carbonate］"，小数位数设置为"4"。

（4）计算 R2（Consumption）　结果选择"Consumption"，结果单位选择"mL"，公式设置为"R2 = VEQ"，常数设置为"C = 1"，M 设置为"M［None］"，小数位数设置为"4"，写入 RFID 标签选择"无"。

（5）冲洗　辅助试剂选择"Water"，冲洗次数设置为"1"，每次循环的体积［mL］设置为"10"，位置选择"当前位置"。

（6）浸洗　间隔位置设置为"1"，位置选择"专用滴定杯 1"，时间［s］设置为"15"，速度［%］设置为"30"。

（7）滴定度　TITER 设置为"Mean［R1］"。

（8）计算 R3（Mean Titer）　结果设置为"Mean Titer"，结果单位选择"——"，计算公式为"R3 = Mean［R1］"，常数 C = 1，M 选择"M［None］"，小数位数设置为"4"。

3. EDTA 标准溶液标定

（1）搅拌的设置　EDTA 标准溶液在标定前要设置"搅拌"，其中速度［%］设置为"30"；耗时［s］设置为"30"。

（2）泵的设置　辅助试剂选择"$NH_3 \cdot H_2O$"，体积［mL］选择"10"，泵属性选择"单向"。

（3）搅拌的设置　加入辅助试剂后需再次进行搅拌，其中速度［%］设置为

"30"；耗时［s］设置为"30"。

（4）pH测量（正常）的设置

1）电极类型选择"pH"，电极选择"DG115-SC"，单位选择"pH"。

2）搅拌速度选择［%］设置为"30"。

3）获取测量值：测量模式选择"平衡控制模式"，dE［mV］设置为"0.5"，dt［s］设置为"1"，t（最小）［s］设置为"3"，t（最大）［s］设置为"30"。

（5）计算R4（pH）　结果类型选择"pH"，结果单位为"pH"，公式为"R4＝E"，常数为"C＝：M/（10 * z）"，M选择"M［None］"，小数位数设置为"2"。

（6）滴定（EQP）［1］

1）滴定剂选择"EDTA"。

2）电极类型选择"iSE"，电极选择"DX240-Ca^{2+}"，单位选择"mV"。

3）搅拌：滴定前再次进行搅拌，速度［%］设为"30"。

4）预馈液：模式选择"无"，等待时间［s］设为"0"。

5）控制模式选择"用户"，滴定剂添加模式选择"动态添加模式"，dE（设定值）［mV］设置为"8.0"，dV（最小）［mL］设置为"0.005"，dV（最大）［mL］设置"0.5"；模式选择"平衡控制模式"，dE［mV］设置为"0.3"，dt［s］设置为"1"，t（最小）［s］设置为"3"，t（最大）［s］设置为"30"。

6）评估和识别：过程选择"标准"模式，阈值［mV/mL］设置为"10"，趋势选择"无"，范围设置为"0"，附加EQP标准选择"否"。

7）终止条件的设置：最大体积［mL］设置为"20"，至电位选择"☑"，电位［mV］设置为"−180"，终止趋势选择"负向"；达到识别的EQP数之后选择"☑"，EQP点的数目选择"1"。

（7）计算R1（Titer）　结果选择"Titer"，结果单位选择"——"，公式为"R1＝m/（VEQ * c * C）* 2）"，常数设置为"C＝M/（10 * p * z）"，M设置为"M［ZnO］"，小数位数设置为"4"。

（8）计算R2（Consumption）　结果选择"Consumption"，结果单位选择"mL"，公式设置为"R2＝VEQ"，常数设置为"C＝1"，M设置为"M［None］"，小数位数设置为"4"，写入RFID标签选择"无"。

（9）冲洗　辅助试剂选择"Water"，冲洗次数设置为"1"，每次循环的体积［mL］设置为"10"，位置选择"当前位置"。

（10）浸洗　类型选择"固定的"，间隔位置设置为"1"，位置选择"专用滴定杯1"，时间［s］设置为"30"，速度［%］设置为"30"。

（11）滴定度　TITER设置为"Mean［R1］"。

（12）计算R3（Mean Titer）　结果设置为"Mean Titer"，结果单位选择

"——"，计算公式为 "R3 = Mean［R1］"，常数 C = 1，M 选择 "M［None］"，小数位数设置为 "4"。

二、水样集成检测设置实例

1. 给水连续集成检测

（1）搅拌的设置　在测试前需要对水样进行搅拌，其中速度［%］设置为 "30%"；耗时［s］设置为 "30"。

（2）电导率测量（正常）［1］

1）电极设置：电极类型选择 "电导率"，电极选择 "InLab 731"，单位选择 "mS/cm"。

2）温度设置：温度选择 "☑"，电极选择 "internerInLab 731"，单位选择 "℃"。

3）测量电导率时不进行搅拌，搅拌速度［%］设置为 "0"。

4）获取测量值：测量模式选择 "平衡控制模式"，dE［mV］设为 "0.5"，dt［s］设为 "1"，t（最小）［s］设为 "3"，t（最大）［s］设为 "30"，测量值读取平均值，平均值选 "☑"，测量值的数量设为 "3"，dt［s］设为 "1"。

5）计算 R1（Conductivity）：结果选择 "Conductivity"，结果单位选择 "μS/cm"，公式设置为 "R1 = E * 1000"，常数设置为 "C = 1"，M 设置为 "M［None］"，小数位数设置为 "1"，写入 RFID 标签选择 "无"。

（3）pH 测量（正常）［2］

1）电极类型选择 "pH"，电极选择 "DG115-SC"，单位选择 "pH"。

2）选择温度补偿，温度选择 "☑"，温度电极选择 "interner InLab731"，温度单位选择 "℃"。

3）测量 pH 不宜搅拌，速度［%］设为 "0"。

4）获取测量值：测量模式选择 "平衡控制模式"，dE［mV］设置为 "0.5"，dt［s］设置为 "1"，t（最小）［s］设置为 "3"，t（最大）［s］设置为 "30"，选择读取 "平均值"，平均值选择 "☑"，测量值的数量设为 "5"。

5）pH 计算 R2（pH Value）：结果选择 "pH Value"，结果单位选择 "pH"，公式设置为 "R2 = E［2］"，常数设置为 "C = 1"，M 设置为 "M［None］"，小数位数设置为 "2"，写入 RFID 标签选择 "无"。

（4）碱度滴定（EP）［1］

1）滴定剂选择 "1/2 H₂SO₄"。

2）电极类型选择 "pH"，电极选择 "DG115-SC"，单位选择 "pH"。

3）选择温度补偿，温度选择 "☑"，温度电极选择 "interner InLab731"，温度单位选择 "℃"。

4）滴定时搅拌速度［%］设置为"30"。

5）预馈液模式选择"无"，等待时间［s］设置为"0"。

6）控制模式选择"绝对"，趋势选择"无"，终点值［pH］设为"4.4"，控制区［pH］设为"2.0"，加液速率（最大）［mL/min］设为"5"，加液速率（最小）［μL/min］设为"25"。

7）终止：EP处选择"☑"，终止延迟［s］设为"0"，最大体积［mL］设为"40"，最长时间无限制选上"☑"。

8）结果读取R3（Consumption）：结果选择"Consumption"，结果单位选择"mL"，公式为"R3＝VEQ"，常数设置为"C＝1"，M设置为"M［None］"，小数位数设置为"2"。

9）碱度计算R4（JDt）：结果设为"JDt"，结果单位设为"mmol/L"，公式为"R4＝R3＊c＊TITER＊1000/m"，常数设置为"C＝1"，M设置为"M［None］"，小数位数设置为"2"，写入RFID标签选择"无"。

（5）氯离子浓度滴定（EQP）［2］

1）滴定剂选择"$AgNO_3$"。

2）电极类型选择"mV"，电极选择"DM141-SC"，单位选择"mV"。

3）滴定时搅拌速度［%］设置为"30"。

4）预馈液模式选择"无"，等待时间［s］设置为"0"。

5）控制方法选择"用户"，添加模式选择"动态添加模式"，dE（设定值）［mV］设置为"8.0"，dV（最小）［mL］设置为"0.002"，dV（最大）［mL］设置"0.5"；模式选择"平衡控制模式"，dE［mV］设置为"0.5"，dt［s］设置为"1"，t（最小）［s］设置为"3"，t（最大）［s］设置为"30"。

6）评估和识别：过程选择"标准"模式，阈值［mV/mL］设置为"150"，趋势选择"无"，范围设置为"0"，附加EQP标准选择"否"。

7）终止条件的设置：最大体积［mL］设置为"60"，至电位选择"☑"，电位［mV］设为"320"，终止趋势选择"正向"，达到识别的EQP数之后选择"☑"，EQP点的数目选择"1"。

8）计算R5（Consumption）：结果选择"Consumption"，结果单位选择"mL"，公式设置为"R5＝VEQ［2］"，常数设置为"C＝1"，M设置为"M［None］"，小数位数设置为"2"，写入RFID标签选择"无"。

9）氯离子浓度计算R6［c（Cl^-）］：结果设为"c（Cl^-）"，结果单位设为"mg/L"，公式为"R6＝R5＊c［2］＊TITER［2］＊35.5＊1000/m"，常数设置为"C＝1"，M设置为"M［None］"，小数位数设置为"2"，写入RFID标签选择"无"。

（6）泵　辅助试剂选择"$NH_3 \cdot H_2O$"，体积［mL］选择"10"，泵属性选择"单向"。

（7）pH 测量（正常）［3］

1）电极类型选择"pH"，电极选择"DG115-SC"，单位选择"pH"。

2）选择温度补偿，温度选择"☑"，温度电极选择"interner InLab731"，温度单位选择"℃"。

3）搅拌速度选择［%］设置为"30"。

4）获取测量值：测量模式选择"平衡控制模式"，dE［mV］设置为"0.5"，dt［s］设置为"1"，t（最小）［s］设置为"10"，t（最大）［s］设置为"30"。

（8）硬度测量滴定（EQP）［3］

1）滴定剂：滴定剂选择"EDTA"。

2）电极类型选择"iSE"，电极选择"DX240-Ca^{2+}"，单位选择"mV"。

3）搅拌：滴定前再次进行搅拌，速度［%］设为"30"。

4）预馈液：模式选择"无"，等待时间［s］设为"0"。

5）控制模式选择"用户"，滴定剂添加模式选择"动态添加模式"，dE（设定值）［mV］设置为"8.0"，dV（最小）［mL］设置为"0.01"，dV（最大）［mL］设置"0.05"；模式选择"平衡控制模式"，dE［mV］设置为"0.3"，dt［s］设置为"1"，t（最小）［s］设置为"10"，t（最大）［s］设置为"30"。

6）评估和识别：过程选择"标准"模式，阈值［mV/mL］设置为"40"，趋势选择"无"，范围设置为"1"，下限［mV］设为"−170"，上限［mV］设为"−120"，附加 EQP 标准选择"否"。

7）终止条件的设置：最大体积［mL］设置为"20"，至电位选择"☑"，电位［mV］设置为"−165"，终止趋势选择"负向"；达到识别的 EQP 数之后选择"☑"，EQP 点的数目选择"1"。

8）计算 R7（Consumption）：结果选择"Consumption"，结果单位选择"mL"，公式设置为"R7＝VEQ［3］"，常数设置为"C＝1"，M 设置为"M［None］"，小数位数设置为"2"，写入 RFID 标签选择"无"。

9）硬度计算 R8（Hardness）：结果设为"Hardness"，结果单位选择"mmol/L"，公式为"R8＝R7＊TITER［3］＊10/m"，常数设置为"C＝1"，M 设置为"M［None］"，小数位数设置为"4"。

（9）冲洗　辅助试剂选择"Water"，冲洗次数设置为"1"，每次循环的体积［mL］设置为"10"，位置选择"当前位置"。

（10）浸洗　类型选择"固定的"，间隔位置设置为"1"，位置选择"专用滴定杯1"，时间［s］设置为"30"，速度［%］设置为"30"。

2. 锅水连续集成检测设置

（1）搅拌　在测试前需要对水样进行搅拌，其中速度［%］设置为"30"；耗时［s］设置为"30"。

（2）pH 测量（正常）[1]

1）电极类型选择"pH"，电极选择"DG115-SC"，单位选择"pH"。

2）选择温度补偿，温度选择"☑"，温度电极选择"interner InLab731"，温度单位选择"℃"。

3）测量 pH 不宜搅拌，速度 [%] 设为"0"。

4）获取测量值：测量模式选择"平衡控制模式"，dE [mV] 设置为"0.5"，dt [s] 设置为"1"，t（最小）[s] 设置为"5"，t（最大）[s] 设置为"30"，选择读取"平均值"，平均值选择"☑"，测量值的数量设为"3"，dt [s] 设为"1"。

5）pH 计算 R1（pH Value）：结果选择"pH Value"，结果单位选择"pH"，公式设置为"R1=E [1]"，常数设置为"C=1"，M 设置为"M [None]"，小数位数设置为"2"，写入 RFID 标签选择"无"。

6）辅助值：名称为"KD"，公式为"H=：0.0000"。

（3）酚酞碱度滴定（EP）[1]

1）滴定剂选择"1/2 H$_2$SO$_4$"。

2）电极类型选择"pH"，电极选择"DG115-SC"，单位选择"pH"。

3）选择温度补偿，温度选择"☑"，温度电极选择"interner InLab731"，温度单位选择"℃"。

4）滴定时搅拌速度 [%] 设置为"30"。

5）预馈液模式选择"无"，等待时间 [s] 设置为"0"。

6）控制模式选择"绝对"，趋势选择"负向"，终点值 [pH] 设为"8.3"，控制区 [pH] 设为"2.0"，加液速率（最大）[mL/min] 设为"10"，加液速率（最小）[μL/min] 设为"10"。

7）终止：EP 处选择"☑"，终止延迟 [s] 设为"0"，最大体积 [mL] 设为"25"，最长时间无限制选"☑"。

8）条件的设置：条件选择"☑"，公式为"R1>8.3"。

9）辅助值的设置：名称为"KD"，公式为"H=：VEQ"，限制选择"☑"，下限设为"0.0"，上限设为"100.0"。

10）计算 R2（Content）：结果设为"mL"，结果单位设为"mmol/L"，公式为"R2=H [KD]"，常数设置为"C=：M/（10*z）"，M 设置为"M [water]"，小数位数设置为"2"，写入 RFID 标签选择"无"。

11）辅助值：名称为"R3"，公式为"H=：H [KD] *c*TITER*1000/m"。

12）酚酞碱度计算 R3（JDP）：结果设为"JD$_P$"，结果单位设为"mmol/L"，公式为"R3=H [R3]"，常数设置为"C=：1"，M 设置为"M [None]"，小数

位数设置为"2"，写入 RFID 标签选择"无"。

（4）电导率测量（正常）[2]

1）电极设置：电极类型选择"电导率"，电极选择"InLab 731"，单位选择"mS/cm"。

2）温度设置：温度选择"☑"，电极选择"internerInLab 731"，单位选择"℃"。

3）测量电导率时不进行搅拌，搅拌速度［%］设置为"0"。

4）获取测量值：测量模式选择"平衡控制模式"，dE［mV］设为"0.5"，dt［s］设为"1"，t（最小）［s］设为"5"，t（最大）［s］设为"30"，测量值读取平均值，平均值选"☑"，测量值的数量设为"3"，dt［s］设为"1"。

5）计算 R4（Conductivity）：结果选择"Conductivity"，结果单位选择"μS/cm"，公式设置为"R4＝E［2］＊1000"，常数设置为"C＝1"，M 设置为"M［None］"，小数位数设置为"1"，写入 RFID 标签选择"无"。

（5）甲基橙碱度滴定（EP）[2]

1）滴定剂选择"1/2 H_2SO_4"。

2）电极类型选择"pH"，电极选择"DG115-SC"，单位选择"pH"。

3）选择温度补偿，温度选择"☑"，温度电极选择"interner InLab731"，温度单位选择"℃"。

4）滴定时搅拌速度［%］设置为"30"。

5）预馈液模式选择"无"，等待时间［s］设置为"0"。

6）控制模式选择"绝对"，趋势选择"负向"，终点值［pH］设为"4.4"，控制区［pH］设为"2.0"，加液速率（最大）［mL/min］设为"10"，加液速率（最小）［μL/min］设为"10"。

7）终止：EP 处选择"☑"，终止延迟［s］设为"0"，最大体积［mL］设为"30"，最长时间无限制选上"☑"。

8）结果读取 R5（Consumption）：结果选择"Consumption"，结果单位选择"mL"，公式为"R5＝VEQ［2］"，常数设置为"C＝1"，M 设置为"M［None］"，小数位数设置为"2"。

9）碱度计算 R6（JDt）：结果设为"JDt"，结果单位设为"mmol/L"，公式为"R6＝（H［KD］＋R5）＊c［2］＊TITER［2］＊1000/m"，常数设置为"C＝1"，M 设置为"M［None］"，小数位数设置为"2"，写入 RFID 标签选择"无"。

10）计算 R7（JDt）：结果设为"JDt"，结果单位设为"mmol/L"，公式为"R7＝R5＊c［2］＊TITER［2］＊1000/m"，常数设置为"C＝1"，M 设置为"M［None］"，小数位数设置为"2"，写入 RFID 标签选择"无"；条件选择"☑"，

公式为"R1<8.3"。

11）计算 R10（QJDSHTJ）：结果设为"QJDSHTJ"，结果单位设为"mL"，公式为"R10 = H［KD］+R5"，常数设置为"C =：M/（10 * z）"，M 设置为"M［None］"，小数位数设置为"2"，写入 RFID 标签选择"无"。

（6）氯离子浓度滴定（EQP）［3］

1）滴定剂选择"$AgNO_3$"。

2）电极类型选择"mV"，电极选择"DM141-SC"，单位选择"mV"。

3）滴定时搅拌速度［%］设置为"30"。

4）预馈液模式选择"无"，等待时间［s］设置为"0"。

5）控制方法选择"用户"，添加模式选择"动态添加模式"，dE（设定值）［mV］设置为"8.0"，dV（最小）［mL］设置为"0.005"，dV（最大）［mL］设置"0.5"；模式选择"平衡控制模式"，dE［mV］设置为"0.5"，dt［s］设置为"1"，t（最小）［s］设置为"3"，t（最大）［s］设置为"15"。

6）评估和识别：过程选择"标准"模式，阈值［mV/mL］设置为"200"，趋势选择"无"，范围设置为"0"，附加 EQP 标准选择"否"。

7）终止条件的设置：最大体积［mL］设置为"60"，达到识别的 EQP 数之后选择"☑"，EQP 点的数目选择"1"。

8）计算 R8（Consumption）：结果选择"Consumption"，结果单位选择"mL"，公式设置为"R8 = VEQ［3］"，常数设置为"C = 1"，M 设置为"M［None］"，小数位数设置为"2"，写入 RFID 标签选择"无"。

9）氯离子浓度计算 R9［c（Cl^-）］：结果设为"c（Cl^-）"，结果单位设为"mg/L"，公式为"R9 = R8 * c［3］* TITER［3］* 35.5 * 1000/m"，常数设置为"C = 1"，M 设置为"M［None］"，小数位数设置为"1"，写入 RFID 标签选择"无"。

10）溶解固形物浓度计算 R11（RG）：结果设为"RG"，结果单位设为"mg/L"，公式为"R11 = R4 *（0.0002 * R9 + 0.74）"，常数设置为"C =：M/（10 * z）"，M 设置为"M［Hydrochloric acid］"，小数位数设置为"4"，写入 RFID 标签选择"无"。

（7）冲洗　辅助试剂选择"Water"，冲洗次数设置为"1"，每次循环的体积［mL］设置为"20"，位置选择"当前位置"。

（8）第一次浸洗　类型选择"固定的"，间隔位置设置为"1"，位置选择"专用滴定杯 1"，时间［s］设置为"30"，速度［%］设置为"30"。

（9）第二次浸洗　滴定台选"InMotion T/1A"，位置为"专用滴定杯 2"，时间［s］设为"10"，速度［%］设为"30"。

第三节　集成检测方法在实验室信息管理系统中的应用

一、实验室信息管理系统简介

实验室信息管理系统（laboratory information management systems，LIMS），是一个集分析试验、质量控制及实验室综合管理的信息平台。具有全方位地对整个实验室运行实施自动化、无纸化和网络化管理的功能，使实验室的管理水平提升到信息时代的先进水平，是分析实验室朝着现代化管理的发展趋势。但要发挥 LIMS 的优点，需要发展自动化检测等技术，实现报告记录的自动生成和实验室的智能化管理。

LIMS 具有报告出具系统管理、检测流程管理、检测仪器管理、标准品管理、物资管理、环境管理、安全管理、人员管理、方法标准管理、系统管理等功能，该系统可维护性高、扩展性强，可实现实验室全方位网络化、无纸化管理要求，包括对异地实验室进行网络化全面管理。依托 LIMS，结合水样集成检测技术的应用，统一数据管理规则，可实现检测结果的自动计算，记录中数据的自动导入等功能，减少手工输入等烦琐的重复性工作，不但提高了数据的准确性和可靠性，还能大幅度提高效率。

二、集成检测技术与 LIMS 的结合应用

集成检测技术已经在部分 LIMS 中得到了很好的应用。检测数据可传输给 LIMS 形成原始记录和检测报告，具有可溯源性，将彻底改变传统的人工测定效率低，容易产生人为误差等状况。随着实验室认可的逐步推广，对实验室的整体运行水平、管理水平，特别是管理系统提出了更高要求。采用先进仪器，实现检测自动化，是实现实验室现代化管理的基础。目前 LIMS 已成为国际现代化实验室的标志，引入 LIMS，实现无纸化记录，将是提升我国质检系统实验室管理水平，达到现代科学检测技术的途径。目前，集成检测技术结合 LIMS 在以下几个方面得到了应用。

1. 检测数据的管理

自动电位滴定仪检测滴定用的标准溶液，具有一定的有效期。将各标准溶液的浓度以及标定日期等数据传输到 LIMS 中，并且设定好有效期，一旦超过了有效期，标准溶液的浓度等数据就被锁定，从而可以很好地解决标准溶液超期仍在使用的问题，溶解固形物浓度以及相对碱度等需要二次计算的指标，可以在 LIMS 中编辑公式来获得，通过集成检测技术和 LIMS 相结合的应用，检测效率和可靠性都得到大幅度的提高。

2. 记录数据自动导入

LIMS 水质检测流程如图 6-3 所示，从样品登记至归档全部实现网络化、无纸化管理。集成检测后的数据可以直接导入 LIMS 的报告录入系统，减少了人工录入的工作量及出错率。

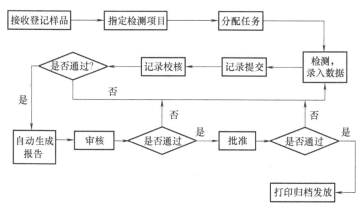

图 6-3　检测流程图

三、集成检测技术的展望

利用近年来新研发的多功能自动电位滴定仪，实现用一台仪器在同一样品中自动完成 pH、电导率、酚酞碱度、全碱度、氯离子浓度、硬度等多项指标的测定，仪器的性能和设置方法对于检测结果的准确性至关重要。针对该集成检测技术联合多家实验室开展的研究，进行了大量试验和数据分析，目前其主要内容和成果总结如下。

1）进行仪器优化设置的试验研究，得出合理的标准设置方案，避免因设置不当造成检测失效或误差。

2）进行了检测范围的试验研究，突破单项检测标准对测定范围的限制，在提高碱度和氯离子浓度测定上限的情况下，确保测定结果的可靠性。

3）进行了干扰因素的影响试验，研究避免干扰因素影响的措施和检测条件，提高测定的准确性和可靠性。

4）用标准物质配制模拟锅炉水样，并与其他检测方法进行比对试验，验证了集成检测技术的准确性和可靠性。

5）根据 GB/T 6379.2—2004 标准对测量方法的重复性与再现性要求，进行精密度比对试验和数据统计处理，确定了标准允许的测定误差。

6）试验研究了标准溶液用自动电位滴定仪进行标定的可行性和准确性，提出了自动标定的正确方法。

7）进行电导率与固导比的试验研究，探索电导率与溶解固形物浓度内在关系的规律，以便通过电导率的测定，正确估算溶解固形物的浓度，提高检测效率和准确性。

8）在试验研究的基础上制定了《锅炉用水和冷却水水质自动连续测定　电位滴定法》国家标准，使检测机构有检测标准可依，填补了这一检测技术的国内空白。

展望未来，该集成检测技术在锅炉水质检测中，甚至其他行业的水质检测中具有大规模应用的潜力。结合 LIMS 等综合管理软件以及智能化管理系统，更能发挥出该技术高效、可靠等优点。希望国产自动电位滴定仪能进一步提高检测精度和集成度以及性价比，将该检测技术普遍应用于锅炉水质和工业冷却水的检测，甚至是其他相关行业水质的检测。

参 考 文 献

[1] 王婷，郭晋军. 分析化学中检出限的分类及计算方法 [J]. 广东化工，2013，40（259）：183-189.

[2] 王艳洁，那广水，王震，等. 检出限的涵义和计算方法 [J]. 化学分析计量，2012，21（5）：85-88.

[3] 黄容，张居光，邱康勇. 多项目电位滴定系统在工业锅炉水质检测中的应用 [J]. 广东化工，2012，39（5）：226-227.

[4] 张居光，黄容. 工业锅炉水质中 pH 值、碱度和氯化物的连续电位滴定 [J]. 中国特种设备安全，2012，28（9）：65-67.

[5] 戴恩贤，周英. 多项目自动电位滴定连续检测中硬度测定的研究 [J]. 中国特种设备安全，2016，32（12）：59-62.

[6] 戴恩贤，周英. 多项目自动电位滴定连续检测中氯离子测定的研究 [J]. 工业水处理，2015，35（9）：82-85.

[7] 周英，赵欣刚. 锅炉水处理实用技术 [M]. 北京：地震出版社，2002.

[8] 全国锅炉压力容器标准化技术委员会. 工业锅炉水质：GB/T 1576—2018 [S]. 北京：中国标准出版社，2018.

[9] 全国化学标准化委员会水处理剂分技术委员会. 工业循环冷却水及锅炉用水中 pH 的测定：GB/T 6904—2008 [S]. 北京：中国标准出版社，2008.

[10] 全国化学标准化委员会水处理剂分技术委员会. 锅炉用水和冷却水分析方法　电导率的测定：GB/T 6908—2018 [S]. 北京：中国标准出版社，2018.

[11] 全国化学标准化委员会水处理剂分技术委员会. 锅炉用水和冷却水分析方法　硬度的测定：GB/T 6909—2018 [S]. 北京：中国标准出版社，2018.

[12] 全国化学标准化技术委员会水处理剂分技术委员会. 工业循环冷却水和锅炉用水中氯离子的测定：GB/T 15453—2018 [S]. 北京：中国标准出版社，2018.

图 4-1 某多功能自动电位滴定仪（一）

图 4-2 某多功能自动电位滴定仪（二）

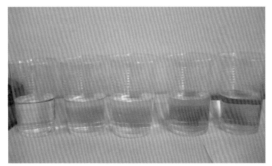

a) 酚酞碱度滴定终点pH为8.2～8.4

b) 全碱度滴定终点pH为4.2～4.5

图 4-3 预设不同 pH 滴定终点时指示剂颜色